宇宙大发现

行星地球

太空旅行，科学幻想，人类，宇宙……
你需要了解的一切，尽在本书中！

［美］尼尔·德格拉斯·泰森 / 著

沈瑞欣 / 译

长江出版传媒 长江文艺出版社

图书在版编目（CIP）数据

宇宙大发现. 行星地球 / （美）尼尔·德格拉斯·泰
森著 ；沈瑞欣译. -- 武汉 ：长江文艺出版社， 2022.3
ISBN 978-7-5702-2496-8

Ⅰ. ①宇… Ⅱ. ①尼… ②沈… Ⅲ. ①宇宙学－普及
读物②行星－普及读物 Ⅳ. ①P159-49②P185-49

中国版本图书馆 CIP 数据核字(2022)第 023324 号

宇宙大发现. 行星地球
YUZHOU DAFAXIAN XINGXINGDIQIU

图书策划：陈俊帆

责任编辑：黄柳依 　王天然 　　　　　　责任校对：毛季慧
设计制作：格林图书 　　　　　　　　　　责任印制：邱 莉 　胡丽平

出版： 长江出版传媒 | 长江文艺出版社
地址：武汉市雄楚大街 268 号 　　　　邮编：430070
发行：长江文艺出版社
http://www.cjlap.com
印刷：湖北新华印务有限公司

开本：889 毫米×1194 毫米 　　　1/16 　印张：4.625
版次：2022 年 3 月第 1 版 　　　　　　2022 年 3 月第 1 次印刷
字数：71 千字

定价：39.20 元

CONTENTS

||||||||||||||||||||||||||||||||

　　地球是一个小小的泥球，在大大的宇宙里绕着一个小气体球
运转。哦，但这是个怎样的泥球啊！由于几十亿年的不断变化，
人类步入成熟阶段，而我们的星球，成了我们在宇宙中的完美居
所——现在，当我们展开星际旅行，地球又成了完美的出发地。
我们对地球到底有多少了解？我们该怎样利用它、照顾它，同时
也照顾好自己？我们了解得越多，我们就能做得越好。

"我的脑海里浮现出这样一个念头：'这般美景一定来自天堂。'但紧接着，我又冒出了另一个念头：'不，不，它甚至还更美。这就是天堂的样子。'"

—— 迈克·马西米诺博士、宇航员

暗淡蓝点还是巨大的蓝色弹珠？

我们的太阳系里有许多个世界，地球只是其中之一。不久以前，我们人类总算开始明白我们在太空中的位置：我们围绕一颗恒星——太阳运行，一颗天然卫星——月球围绕着我们运行。地球是怎样运作和运动的？又是怎样和太阳系中的其他天体相互作用的？有了这些知识，人类就能认识到我们在宇宙中的邻居星球，以及周围的环境。

我们在地球上诞生，由地球造就，并且和地球一起进化了几十亿年，从细胞"始祖"一直进化成大嚼垃圾食品的现代人。在我们了解地球的起源时，我们其实是在了解自己的起源；当我们看到自然现象时，便会开创研究它们的技术，并在这个过程中进一步了解我们自己。

地球既是太空中的暗淡蓝点，又是美丽而雄伟的蓝色弹珠。在关注我们星球的同时，对我们在宇宙中的位置进行有深度、有广度的思考，这是很自然的事。

把地球当作一颗弹珠便于我们用全新的眼光去打量它。

那么地球到底是什么呢？

金鱼要是不跳到外面来打量鱼缸，它能真正了解鱼缸吗？我们通过眼睛和机器来观星，但是当我们在太空中回头打量自己时，我们看到了这幅图景。

||||||||
◀ "蓝色弹珠"

1972 年 12 月 7 日，在距离地球 28 000 英里的位置，"阿波罗 17 号"拍摄了《蓝色弹珠》的原始照片。

||||||||
▶ "地球地平线"

2003 年 7 月，在国际空间站上，第 7 支远征队的宇航员拍摄了这张地球地平线的照片。当时，太阳正从太平洋上空缓缓落下。

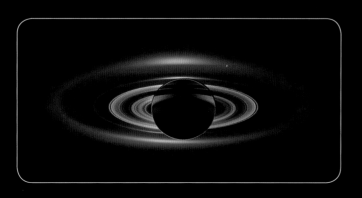

||||||||
◀ "地球微笑的日子"

2013 年 7 月 19 日，在距离地球 9 亿英里的位置，"卡西尼号"拍摄了这张以地球为背景的土星照片。

▶ "地出"

1968 年 12 月 24 日，在距离地球 240 000 英里的位置，"阿波罗 8 号"拍摄了照片《地出》。这张照片被称作"有史以来拍摄到的最具影响力的自然景观照片"。

◀ "暗淡蓝点"

1990 年 2 月 14 日，在距离地球 37.6 亿英里的位置，"旅行者 1 号"拍摄并传回了照片《暗淡蓝点》。

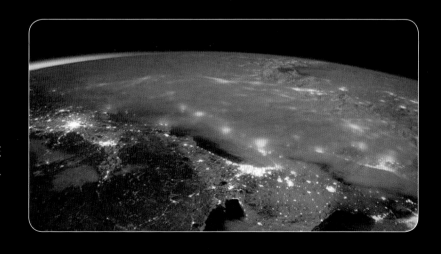

▶ "地球之夜"

也许，和其他所有图像相比，《地球之夜》这样的照片更能证明我们星球上有人类存在。天外来客看到我们在黑夜中的灯光，肯定会相信这里有生命存在。

"阿波罗 8 号"的宇航员们拍摄的著名照片《地出》。

"阿波罗 8 号"和《地出》是怎样影响环境保护运动的？

如今，从太空拍摄的地球照片并不会让我们大惊小怪。毕竟，当你看电视时，你可以在每个天气预报节目中看到它们。不过，在"阿波罗时代"以前，人们想都不敢想能看到这种图像。

1968 年圣诞节前夕，宇航员威廉·安德斯和"阿波罗 8 号"的其他宇航员进行了一场历史性的太空直播。在这场直播中，他们展示了从宇宙飞船上拍摄的地球和月球照片。他们返回地球后，《地出》（如上图所示）成为历史上最具标志性的图像之一。有史以来，全世界的人第一次能从远处欣赏地球的全貌——美丽、孤独而脆弱。

1962 年，海洋生物学家蕾切尔·卡森的著作《寂静的春天》问世。这本书警示了滥用农药的危害，引发了轰轰烈烈的美国环境保护运动。到了 1968 年，这场运动尚未成熟，好在《地出》让人们进一步认识到，我们星球的环境需要得到改善。"阿波罗 8 号"发射两年后，1970 年 12 月 2 日，美国前总统理查德·尼克松批准成立环境保护署。

"我们前往月球，想要认识它，然后我们回头一看，第一次认识了地球。"

——尼尔·德格拉斯·泰森博士

土星女士：对话行星科学家卡罗琳·波尔科

地球微笑的日子

"旅行者 1 号"拍摄了标志性的地球图片《暗淡蓝点》。过了二十年，"卡西尼·惠更斯"——一项持续多年的土星及其卫星的探测任务——开启了，行星科学家卡罗琳·波尔科担任了这次任务的成像小组负责人。为什么不为我们的星球拍摄一幅新的肖像呢？她想。她是这样回忆那天的："拍摄一共持续了 15 分钟，当我试图找出土星在哪儿。我忽然想到，哇，那里有一台照相机在拍我们的照片。我知道全世界的人都在参与拍摄——这真是太棒了。"

她的计划是告诉地球上的所有人正在拍全球大合影，让他们做好准备，对着宇宙飞船的照相机说"茄子！"2013年 7 月 19 日，这正是那天发生的故事。"我在想，为什么我们不先告诉人们'在十亿英里外的外太阳系，你们的照片会被拍下来'呢？……如果能让他们知道，人类在探索太阳系的道路上走了多远，那就更好了，"她回忆说，"这会触动他们的感情……因为这个主意是用微笑来表达欢庆。让人们获得共鸣，一种宇宙之爱……对此曾有一个人写道：'你知道，我们可能飘浮在微尘上，我们的生命可能很短暂，可是有这么 15 分钟，我们就在那里，我们知道在发生什么，我们微笑了。'"

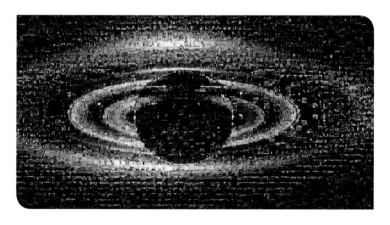

为了响应"向土星挥手"活动，人们向美国宇航局发送了 1 600 张照片。美国宇航局把这些照片拼贴在一起，对《地球微笑的日子》进行了再创作。

人物简介

👓

卡尔·萨根与太空精神

卡尔·萨根（1934—1996）是 20 世纪最重要的科普专家——但这不仅仅是因为他作为一位顶尖科学家，能够把自己的研究解释清楚。萨根还帮助人们在各个层面与科学建立联系；无论是在技术、实践、假想，甚至精神层面，他都向所有人展示了宇宙与他们之间的关系。1994 年，他的著作《暗淡蓝点》问世。这本书和一张地球照片有关——照片由"旅行者 1 号"拍摄，上面的地球显得十分渺小。在书中萨根这样写道："我们所有的欢乐和痛苦，几千种满怀笃定的宗教、意识形态和经济学说……人类历史上的每一个道德导师，每一个腐化的政客，每一个'超级巨星'，每一个'最高领袖'，每一个圣人和罪人，都生活在那粒悬浮于阳光的微尘之上。"

地球是怎样形成的？

大约 46 亿年前，在太阳开始核聚变后不久，太阳形成后剩余的物质便落入围着它旋转的薄盘中。这个薄盘含有许多岩石、金属碎片和尘埃，还有气体，足以构成几百个地球。在几百万年的吸积过程中，这些碎片和尘埃聚合在一起，形成了小石子，然后是岩石、巨石、微行星、小行星——最后终于形成了行星。

尼尔：**要是一开始你的引力不够，那你就吸住岩石吧；你吸不住气体。**

查克·尼斯：**你是说天王星有很多气体？**

地球是在太阳系的某个地方形成的，那里并没有很多材料，主要由岩石和金属构成。因此，我们的行星又小又坚固，有许多金属和岩石。水星、金星、火星在这方面与地球一样，因此都是类地行星。相反，在形成木星、土星、天王星和海王星的地方，能够组成行星的原材料要多得多，但它们主要是气体，所以这些行星成了以岩石和冰为内核的气态巨行星。

当然，关于行星的形成，以上简单描述并不是完整的科学过程。还有许多谜团等待着人们去揭秘。例如：最初那些物质的碎片以每小时数千英里的速度绕着太阳高速旋转，有些碎片本可能会被别的碎片弹回来，那么，它们又怎样聚合在一起，形成了更大的天体呢？我们需要了解的东西还很多！

回归基础

历史上错得最离谱的观点是什么？

"错误的观点没什么大不了的，"太空"错误学"专家尼尔·德格拉斯·泰森博士说，"只要它能帮你解决问题。历史上错得最离谱的观点是'地心说'，这个观点认为地球位于宇宙中心。"

事实证明，"地心说"完全是错误的——不过，它有助于人们认识到从地球的角度来看，事物是如何在宇宙中运动的。更重要的是，整理记录"地心说"的亚里士多德、托勒密和其他一些伟大的思想家，他们建立了可以进行科学检验的范式，正因为如此，后人才能不断提升人类对宇宙的认识。

想一想 ▶ 我们的太阳是怎样形成的？

差不多 50 亿年以前，在数万亿英里宽的广阔的星际云中，有一个由气体聚集成的致密的核。那朵云坍缩了，形成了一个核心，其温度超过 20 000 000°F，压强为地球大气的 20 亿倍（每平方英寸近 300 亿磅）——这种条件足以催化氢聚变成氦。然后坍缩停止了，太阳诞生了。

地球上的重金属从哪里来？

要想真正回答尼尔的问题，你得先学习天体物理学，然后再问这些元素从哪里来。"在大质量恒星的'坩埚'里，氢和氦这样的小元素融为一体，被锻造成大质量元素，沿着元素周期表向下移。重金属元素就是被这么煮出来的，"尼尔·德格拉斯·泰森解释说，"然后，之前那颗恒星爆炸了，内脏四散在银河系，这才有了后来的太阳系。"

天体物理学家针对这个问题给出的答案，显示了我们是如何在原子层面与整个宇宙相连的。当质量比我们的太阳大得多的恒星经历超

"当我还是个孩子的时候，曾在化学课上问老师，'元素周期表上的元素都是从哪儿来的吗？''我们从地下找到的。'这是化学老师的答案。"

——尼尔·德格拉斯·泰森博士

新星爆炸时，原子核和亚原子粒子在超高能相互作用中彼此碰撞，并在不到一秒的时间内产生了重元素。这就是"快速核合成"，它产生了宇宙中大多数的重元素。

不爆炸的恒星，例如我们的太阳，也可以在它们生命中一个较短的时期内，在膨胀成巨星的过程中，产生重元素。这就是"慢速核合成"，需要数千年的时间。有些元素只能通过其中一种核合成方式产生，而其他元素随便通过哪种核合成方式都能产生。

阿特拉斯肩负地球的大理石雕像。在希腊神话中，阿特拉斯是掌管天文和航海的神。

尼尔·德格拉斯·泰森谈月相和潮汐

满月会让地球的潮汐效应变强吗？

月球是造成海水潮汐的主要原因：在地球离月球最近的一侧，月球引力的影响更强，这种影响让地球上的水微微朝着月球的方向流动，引起了每天的潮汐。也许你已经注意到，在满月那几天潮水涨得更高——但这并不是月相造成的。月球的潮汐效应仅仅取决于它的质量，还有它与地球之间的距离。无论月相如何，潮水的涨落几乎不受影响。

> "为什么在满月那几天我们的潮水涨得更高？这是太阳和月球引起的潮汐叠加的结果。是太阳。这都是因为太阳。"
>
> ——尼尔·德格拉斯·泰森博士，"太阳学"专家

那么，是什么让涨潮时的潮位变得更高呢？这跟太阳有关。太阳对地球也有引力，尽管这个引力还不到太阳对月球引力的一半。当太阳、地球和月球依次排成一条直线时，就会出现满月，在这个位置，太阳对我们海洋的引力作用更强。那些比平时涨得更高的潮被称作大潮，因为潮水上升的幅度似乎比平时更大。在新月和满月之间，也就是可以看见四分之一个月亮的阶段，太阳的引力和月球的引力刚好形成直角，海水所受到的引力作用较弱，涨潮时的潮位相对较低，这就是小潮。

导览

"超级月亮"是怎么回事？

时不时就会有人提醒说：今晚注意看超级月亮。那么，什么是超级月亮呢？"月亮学"专家尼尔·德格拉斯·泰森博士说起这个就来气："我不知道是谁最先提出超级月亮这个说法的。不过，要是你有块16英寸的比萨，你会因为它比15英寸的比萨大，就叫它超级比萨吗？月球围绕地球运转的轨道并不是一个标准的圆。有的时候月球离地球近些，有的时候远些。每个月都有这么一个时刻，月亮离地球最近。有时，这一刻刚好赶上满月。人们就说那是超级月亮。但也有超级新月。每一种月相出现的时期，都可能赶上月球离太阳最近的时刻。我没听人说过，'啊，超级新月，太酷了。'"

想一想 ▶ **月球为什么缺铁？**

月球上铁的质量占月球总质量的百分比，要比地球的低得多。但月球和地球的外壳几乎是一样的。天文学家认为，这是因为几十亿年前，有一个火星大小的行星撞向地球，把大量岩石抛进了轨道，却并没有抛多少金属。这些岩石物质最终形成了月球。

格陵兰冰原上的融水池可能会影响地球自转。

地震和冰川融化怎样改变地球自转？

不管是行星还是人，旋转的物体都遵循角动量守恒的基本定律。就像尼尔解释的那样："花样滑冰运动员收拢双臂，就是遵循了这一定律——他们在改变自己的转动惯量。这样他们的旋转速度会有什么变化？他们滑得更快了。那他们怎么停下来呢？他们伸开双臂，就可以停下来。因此，他们可以通过手臂的伸张和收拢来改变自己的旋转速度。"

2004 年 12 月的印度洋地震是有史记载的第三大地震，让我们的每一天缩短了大约 2 微秒。另一方面，冰川融化，海平面上升，地球的直径随之增加，也正因为如此，1900 年后，地球上的每一天延长了大约千分之一秒。当花样滑冰运动员收拢双臂时，你不妨联想一下地震；当花样滑冰运动员伸开双臂时，你不妨联想一下海平面升高的地球。"你可以计算出每次地震后，我们的地球发生了多少变化，因为一次地震就相当于大陆架经历了一次重新分配，"尼尔说，"实际上，冰川融化也改变了地球的自转速度。"

地球有多重？

"你可以理直气壮地说，地球在太空中没有重量，"尼尔说，"不过另一方面，它的质量大约有 6×10^{24} 千克。"

宇宙之问：大杂烩

为什么行星都在同一平面上绕太阳公转？

整整一年当中，太阳在天空中的路径勾勒出一个平面，这就是黄道平面。所有的行星在绕太阳公转时，都在这个平面上，或是离它很近——而且它们都沿着同一个方向运行。这只是个惊人的巧合？不，这是有原因的。让太空"薄饼"专家尼尔·德格拉斯·泰森博士来解释吧："在太阳系形成的过程中，有这么一朵巨大的旋转气体云，它想在自身重力的作用下坍缩。当它坍缩时，它会变得像薄饼那样扁平，然后利用那些旋转的物质形成天体。因此，要是你用那些旋转的物质（在它们移动时）造行星，这些行星都会在同一平面上、沿着同一方向绕恒星公转……一切都在同一平面上，它们一起沿着同一方向运行。"

> "要是你遇到了一个类似太阳系的星系，但那里的行星正在以其他方式运行，你可以拿你的……轨道参数打赌，这颗行星生活的星系一定不是你身处的太阳系。"
>
> ——尼尔·德格拉斯·泰森博士

你知道吗

太阳系以太阳为中心，但它只有太阳质量的千分之一，而且余下的质量主要是由木星贡献的。

行星演示图——这 8 个行星都属于我们的太阳系，在同一平面运行。

你知道吗

尼尔认为，如果地球的旋转速度突然翻倍，那么实现这一目标所需要的力会"摧毁你，把你变成一堆黏糊糊的东西"。

想一想 ▶ **冬至为什么白昼更短？**

地球的极轴是倾斜的。因此，当地球绕着太阳公转时，北半球有时向太阳倾斜，有时背太阳倾斜。这样一来，全年白昼的长短就会有变化。冬至时，北极离太阳最远，所以白昼最短。但与此同时，南半球离太阳最近，并且正在经历一年中最长的白昼。

`宇宙之问：超级大杂烩`

流星经历了什么？

自古以来，流星撞击地球，在地壳上留下巨大的凹痕。虽然，流星撞击的地点不同，周边环境的情况也不同，但几百万年之后，撞击造成的坑都还在。不过，岩石本身却不见了！这是为什么呢？

通过计算机模拟和计算，科学家演绎了流星撞击事件，并且解开了这个谜题。当超大流星以高超音速撞到固体表面，它会在撞击的那一刻爆炸。不管它是从哪个角度撞击的，这场爆炸都会产生一个圆坑——这时，流星除了水蒸气什么也不剩了。

流星陨石坑

50 000 年前，一颗直径150 英尺的金属质流星撞在了今天亚利桑那州的莫格伦缘上，留下了一个直径1 英里、深度相当于60 层楼的坑。

切萨皮克湾

3 500 万年前，一颗直径1 英里的流星撞向了美国东海岸，在撞击地点那一块留下了凹痕。最后，那个凹痕里积满了水。

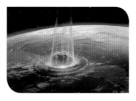

希克苏鲁伯陨石坑

大约6 500 万年前，一颗直径10 英里的流星撞向了地球，撞在了今天墨西哥尤卡坦半岛海岸附近。它对地球大气造成了一定影响，可能因此导致了恐龙灭绝。

"一个金属投机者买下了流星陨石坑，因为他觉得造成这个陨石坑的巨大天体还埋在地底下……但他什么也没发现，可怜的家伙。"

——尼尔·德格拉斯·泰森博士

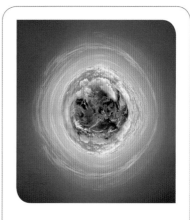

回归基础

地球大气层有多厚？

在海平面以上的数千英里，都弥散着地球大气里的气体分子。不过，到了海平面以上几百英里，大气变得特别稀薄，几乎和太空里的真空区没什么区别。那么，我们到底要怎样测量地球（或任何行星）大气的"厚度"？一种方法是测量大气底部的压强。在地球上，每平方英寸大约有14.7磅的力。这就是说，一般成年人要一直承受近20 吨的大气压力！这听起来已经够惊人了，而金星的大气密度比地球还要大90 倍，像木星、土星、天王星、海王星这种气态巨行星，其大气密度比地球大几千倍。

想一想 ▶ 光是怎么穿透温室效应的？

温室气体阻止了地表热量逸散到大气中——但它为什么会让太阳光顺利通过呢？难道太阳光不会给地球传递热量吗？"太阳并没有加热空气，""太阳光"专家尼尔·德格拉斯·泰森博士解释道，"太阳加热地面，是地面把空气给加热了。可见光照射到地球上，给地球带来热量。随后地球又会二次辐射出红外线，而温室气体把这些红外线都吸收了。"

火星上的沟壑也许表明，这个行星曾有过地表水。

宇宙之问：金星 对话"炫酷勺子"博士

从金星和火星那里，我们能学到哪些有关地球的知识？

金星和火星所经历过的气候变化，让地球上的任何气候变化都相形见绌——有关它们气候变化的故事，很值得讲一讲。天体生物学家大卫·格林斯彭博士谈到金星时说："金星一开始和地球很像。据我们所知，它确实有过海洋和水，而且，在它形成初期，气温比现在低，后来随着太阳升温……它经历了一个非常炎热的时期，以至于海洋都蒸发了。随着海洋的蒸发，空气中有了更多的水蒸气。水蒸气是一种强大的温室气体——空气中的水蒸气促使海洋表面升温，这样一来，海洋蒸发得更厉害，大气中的温室气体进一步增加。这是个正反馈过程——等到海洋真的蒸干了，它也就消失了。"

火星的温室效应倒没有消失——它早就终止了。几十亿年前，火星表面可能有液态水，但那里变得太冷，大气都逸散到了太空。火星的海洋不是蒸发了，就是在地下深处冻结了。

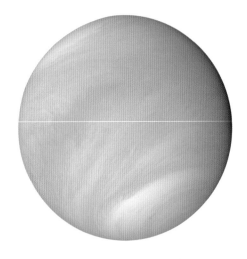

金星曾经像地球一样？

尼尔·德格拉斯·泰森解释了北极光的成因

北极光产生的原因是什么？

太阳不但发光，还把带电的亚原子粒子播撒到了太阳系。这些粒子迟早会损坏生物组织，让地球变得不再宜居。不过我们很幸运，地球在旋转时会产生磁场，这个磁场将大部分带电粒子带离地球表面，让它们直接进入太空，而不造成任何危害。

有时，带电粒子的数量会激增，例如在太阳有太阳耀斑或日冕物质抛射时，多余的粒子通常沿着地球的磁力线流向磁极，撞到我们高层大气的分子中。最终释放出的能量形成了宇宙灯光秀，这就是我们所知道的北极光。当这种情况发生在南半球时，你可以猜到它就叫作南极光。

从太空观赏，极光特别漂亮——在太空中，极光看起来像是怪异光线汇成的河流，向着地球表面倾泻而下。在其他行星周围我们也可以看到"极光"，那种景象有时也很壮观。

回归基础

为什么星星会闪烁？

即便是在最平静的日子里，地球大气层中的空气也会不断流动。当从远处发出的光穿过地球大气层时，它的光束每秒钟会在随机方向上轻微地跳动许多次——有时候每秒钟会跳动几千次，闪烁的现象就是这样产生的。对于地球上的天文学家来说，透过大气层望向远处的恒星，就像从游泳池底部仰望萤火虫一样。也正因为如此，太空望远镜才会这么重要——虽然，大气层模糊了我们的视线，但太空望远镜却向我们传送了清晰的太空图像。在地面上，我们根本看不到这么清晰的太空图像。

俄罗斯上空绚烂的北极光。

" '一闪一闪亮晶晶，满天都是小星星'给现代天文学带来了无尽的困扰，因为闪烁的根源是大气层。"

——尼尔·德格拉斯·泰森博士、太空音乐学家

太空望远镜的过去、现在和未来？

从伽利略的手持设备到如今运行在宇宙轨道上的奇迹，望远镜彻底改变了我们对自我的认知。"每当你把一架更大的望远镜转向夜空时，你会发现，我们其实比以前想象的更渺小……这种设备告诉我们，不要凡事以自我为中心。"尼尔说。

|||||||
◀ 伽利略的望远镜

这根木管有两个透镜，伽利略·伽利雷通过它获得的集光力，是裸眼集光力的近20倍——它还揭示出，太阳系一直在旋转，并且以太阳为中心，地球只是其中的一个行星。

|||||||
◀ 胡克望远镜

这台望远镜坐落于加利福尼亚州威尔逊山天文台（见上图），其主反射镜口径为100英寸。埃德温·哈勃通过这台望远镜发现，宇宙有几十亿个星系，我们的银河系只是其中之一。

|||||||
◀ 海尔望远镜

这台标志性的望远镜是有史以来最高效的望远镜。它坐落于加利福尼亚州帕洛玛山，口径为200英寸。它通过许多手段，把天文学带入了观测宇宙学的现代时期。

▲ 阿雷西博天文台

这台射电望远镜口径为 1 000 英尺，比 25 个足球场加起来还要大。人们把它建在波多黎各的天然山谷中。它有许多用途，包括监听外星人的讯号。

IIIIIIII

▶ 凯克望远镜

凯克望远镜有两台，分别为凯克望远镜 I 和凯克望远镜 II，它们坐落于夏威夷莫纳克亚天文台，那里的海拔高达 14000 英尺。这两台望远镜的聚光镜面都是由 36 个六角形镜片组成的，口径约为 400 英寸。

IIIIIIII

◀ 哈勃太空望远镜

哈勃太空望远镜是这个时代最重要的科学仪器，宇航员们已经对它进行了五次在轨维修和升级。25 年前，哈勃太空望远镜发射升空，如今它的功能大约是那时的 100 倍。

IIIIIIII

▲ 钱德拉 X 射线望远镜

有些光永远到不了地球表面，而且人的肉眼无法观察到，钱德拉 X 射线望远镜却对它们很敏感。这台望远镜配有专门用来捕捉 X 射线的光学元件，看起来就像是它发出了这些光似的。

IIIIIIII

▶ 开普勒太空望远镜

开普勒发现了行星的椭圆轨道，这台太空望远镜就是以他的名字来命名的。它有着特殊的用途。迄今为止，人们已经用它找到了成千上万个行星——它们都没有围绕太阳运行，而是围绕着其他行星。

IIIIIIII

▼ 詹姆斯·韦伯太空望远镜

作为哈勃和斯必泽太空望远镜的科学继任者，詹姆斯·韦伯太空望远镜对光和红外线都很敏感。它的自适应光学系统会辨认出新生星系，以及围绕遥远恒星运行的行星。

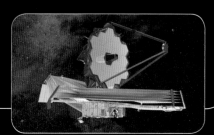

"你想谈谈灵性？那就喝掉这杯水吧……这里面的水分子曾经从亚伯拉罕·林肯、成吉思汗和耶稣的肾脏里过了一遍……"

—— 尼尔·德格拉斯·泰森博士

第二节

我们怎么弄到水？

水是一种奇妙的物质——虽然水无处不在，我们几乎觉得它的存在是理所当然的。它不过是两个氢原子和一个氧原子结合在一起，形成了一个 V 形结构。这种形状使得水能够溶解更多的物质，比几乎其他所有的已知液体溶解得都要多，而且，只要水没有发生变性或者消散，就会一直保持稳定。

不过，水是一种很好的溶剂，在水流动时，杂质、微生物甚至有毒物质很容易混进去。因此，当我们获取日常用水时，有时得把它们从很远的地方输送过来，好确保它们是干净的。为了我们的幸福安康，我们一定得保护水源，万万不可掉以轻心——但这变得越来越困难，因为随着人口激增，人类对生存空间和资源的竞争日益激烈。

要是我们没有足够的水，那该怎么办？或者，要是水很多，但又脏又咸，我们又该怎么办？我们能从宇宙中弄到更多水吗？毕竟，很久很久以前，我们所有的水都来自宇宙。

地球之所以独特，是因为这里有充沛的水资源。

朝圣者在纳尔默达的 160 英尺高的卡迪尔·达拉瀑布中沐浴。

彗星与小行星　对话艾米·美因茨博士

我们的水从哪里来？

地球上的大部分水都被锁在岩石里面：虽然你触摸岩石时没有这种感觉，但水可能占到一块砂岩体积的四分之一。而对于某些火山岩和石灰石来说，水的体积可以占到它们总体积的一半。据估计，地球最外层（地壳和上地幔）中的水量是地表总水量的 10 倍以上。从地球的地质历史时期起，亿万年来，水被带到了地表——很可能是被火山带来的，并且产生了我们的海洋、湖泊和河流。

"我们相信，很久以前，当太阳系刚刚形成时，有这么一个时期，小行星和彗星一直在撞击地球，可能就是在那个时候，水被带到了地球。"

——艾米·美因茨博士，天体物理学家

那么，水最初是怎样到达地球的呢？为了找出答案，我们必须把目光投向宇宙——因为几十亿年前，地球的所有构成要素都来自宇宙。

水的世界

彗星都去了哪儿？

"不是所有的水都生而平等。"

—— 尼尔·德格拉斯·泰森博士

如果地球上的水分子是被彗星带到这里来的，那些冰冷的泥球也早都融化了，我们找不到证据。不过，我们的太阳系中仍然有一些彗星，通过它们，我们可以对比当今水的原子特性和彗星的特性，进而验证上述假设。

那么，彗星到底有没有把水带到地球上来？太空"海洋学"专家尼尔·德格拉斯·泰森博士给出了模棱两可的答案："在查看了一些彗星后，我们注意到，这些彗星上的水和我们海洋里的水不一样，这让我们有些踌躇……但是后来，我们确实找到了一些彗星，那里的水和我们海洋里的水一样。你知道，关于地球上水的起源，现在还没有定论。我们至少搞明白了，有一些水来火山，并且我们非常确信，有一类彗星没有为地球提供水，而其他彗星可能提供了水。"

我们还需要考虑另一点：地球上水的质量大约是地球总质量的 0.5%，而其中十分之一的水在地球的海洋中。仅仅为了填满海洋，就需要至少十亿颗大型彗星。所以，我们星球的许多水源都还是未解之谜，没法证实，也无从解释。

地球上的部分海水可能来自彗星。

你知道吗

6500 万年前，希克苏鲁伯撞击事件导致了恐龙的灭绝，如果撞击者确实是一颗彗星，那么它会在地表留下大量的水，足够佛罗里达州发一场 10 英尺深的洪水。

想一想 ▶ 彗星上的水和小行星上的水不一样吗？

"你在彗星上找到的水，和小行星上的水形态不一样。彗星上有大块大块的冰，你可以把它们切成小块以此获得水。（而在小行星上，）水和矿物质混合在一起，你必须把水提取出来。事实上，你得开采水。"

——尼尔·德格拉斯·泰森博士

"事实证明，月球并不像我们想象的那样，是个干旱的天体，因为月球和地球有一段共同的历史。"

—— 伊冯·彭德尔顿博士

2015年旧金山喜剧节

哪里的水更多："欧罗巴"、火星，还是月球？

木星的卫星"欧罗巴"有着冰质地壳，看起来几乎跟地球的极地冰盖一模一样。因此，天文学家得出了结论：欧罗巴的地表深处有很多水。但是，我们还没有看到能证实这一点的例子。

事实证明，火星地底下有冰冻海洋——而且有时候，在火星表面，冰甚至会以液态水的形态出现。温暖的天气会导致水从火星山体渗出，并且流下山，直到蒸发为止。我们的轨道望远镜观察到的矿床痕迹，就是在这个过程中留下的。

月球上也可能存在水，这些水可能是冰的形态，保存在阴暗的环形山里。或者，还有另一种可能：40亿年前，有些岩石材料从水资源丰富的地球冲向了太空，月球上的水和这些岩石材料产生了化学结合。"'阿波罗号'的宇航员采集了岩石样本，后来我们发现这些岩石中有很多水，"美国宇航局太阳系探索研究虚拟研究所所长伊冯·彭德尔顿博士说，"当火星大小的巨型天体撞击地球并形成月球时，地球上可能有水。其中有些水到了月球。"

回归基础

月球上的水是怎么来的？

科学家认为，月球上的水可能有以下三种来源：

1. 数十亿年前，当月球形成时，地球正处于幼年期，可能有一些富含水的岩石从地球来到了月球上。

2. 彗星或陨石撞击月球后可能会产生积水。

3. 在月球的矿物质中，太阳风的带电粒子可能产生了水分子。

"顺便说一句，假如你是一颗彗星，并且撞上了地球，那么，在你和地球接触的那个瞬间，你所有的水都会蒸发，变成水蒸气，然后你必须通过冷凝才能让它们恢复水的形态。"

—— 尼尔·德格拉斯·泰森博士，太空"水蒸气"专家

想一想 ▶ 冰、水和水蒸气：快乐相伴？

火星表面上有些地方的情况非常接近水的三相点——32°F、0.006大气压，这时，水能以固态、液态、气态的形式共存。"它里面既有冰块又有水，水还会沸腾、产生水蒸气，"尼尔说，"而且冰和沸水相安无事，沸水也不会让冰融化。"

水的秘密是什么？

想象一下，把冰块放进一杯热气腾腾的热茶中。这样，你就有了三种形态的水——固体（冰）、液体（茶）、气体（水蒸气），三种形态共存。它们的表面以一种怪异的方式相互作用，对此科学还不能给出充分的解释。

当你在冰上滑行时，会发生什么？表面——比如固体或液体表面，砂纸或冰——的物理现象非常复杂。我们所知道的是，当冰面接触到另一个固体的表面时，产生的摩擦力很小。有这样一个普遍的误解：冰面的摩擦力之所以小，是

冻住的水密度比液态水……还有浮冰小。在冬天，（湖泊的）表面变冷，表层的水会冻住，而不是滴下去，这样，表层的水和下面的水就分离了，从而在整个冬天为鱼类提供保护。水的这个特征很棒。

——尼尔·德格拉斯·泰森博士、太空"垂钓"专家

因为溜冰鞋把滑过的冰给融化了。但事实并非如此：其实，能在冰面上滑行，是冰面的摩擦力虽小但存在的证明。

海水为什么是咸的？盐最初是岩石里的一种化学成分。流过岩石的水可以溶解那些岩石里的化学物质。当这些水都汇集到同一个地方时，水可以蒸发掉，但是盐留了下来。这种现象发生在海洋中，当然，也发生在一些以其盐度闻名的内陆水域中，例如死海和大盐湖。

因为水独特的属性，冻住的水（也就是冰）很滑，很危险。

什么是水循环？

数十亿年前，H_2O 分子从太空来到地球，然后通过裂隙和火山在地球表面冒泡。它们进行着永恒的转化之舞，促使了生命的诞生。

||||||
◀ 蒸发

液态水或固态冰被太阳或地面加热，吸收能量，然后转化为气态的水蒸气。水蒸气飘浮在天空中，它们可以自由流动，或者聚集在一起，变得密度更大。

||||||
▶ 凝结

水蒸气撞上较冷的空气时，会损失热能，变回水滴和冰晶。从外部看，云很平静，但它们的内部一直在不断旋转。

||||||
◀ 降水

小滴小滴的水和冰凝结在一起，落在几粒灰尘、煤烟或其他小颗粒上，形成雨滴和雪花。当它们变得太重时，它们会掉落到地球上。

|||||||
▶ 渗透

雨水和融化的雪通过多孔的岩石或土壤渗入地下。地下水由此汇集。植物通过根部吸收水分，用于生物过程。

|||||||
◀ 流动

如果降水过多，地面无法全部吸收，那么，多余的水会汇集到水坑和水池中。重力让水向下、流向地心，先是形成径流，然后形成溪流、河流、湖泊、大海和大洋。

|||||||
▶ 回归

植物进行蒸腾作用。动物出汗。（是的，它们也会撒尿。）一种特殊的动物——人类——将水用于农业、工业以至娱乐的方方面面，然后把它们倒回环境中。于是，新一轮的水循环又开始了。

我们在哪儿用水最多？

在现代生活中，干净的水发挥着巨大作用：饮水、洗澡、做家务、浇灌院子和花园。据美国环境保护署估计，一个美国家庭平均每天使用 300 加仑的水。美国大约有 1.25 亿个家庭，这也就意味着我们每天要使用超过 350 亿加仑的水。

而这还只是一小部分。美国的家庭用水量不到总用水量的 10％。农业灌溉系统和发电厂的用水量是家庭用水量的四倍以上。以下是一些用水大户。

目前（已经）有了很多技术，如果这些技术得到广泛使用，我们所需要的水量将会大大减少。

—— 小罗伯特·F. 肯尼迪 护水者联盟律师、主席

你知道吗

根据联合国教科文组织的统计，全世界每 9 个人中几乎就有 1 个无法获得干净的饮用水，而且，世界上至少有三分之一的人口没有必需的卫生用水。随着世界人口激增到 70 亿，人类对水的需求越来越大。同时，因为气候变化、全球变暖，许多地区（包括北美部分地区）都面临严重的干旱问题。

▼ 灌溉

大规模耕作需要持续灌溉。据估计，全美每天的灌溉用水量为 1 280 亿加仑。

▲ 纺织品生产

在美国，每制造一件 T 恤，都需要消耗 700 加仑的水来缝制、定型和染色。

||||||||
◀ 发电

蒸汽驱动的涡轮发电机为家庭提供热能，每天使用约 1 600 亿加仑的水。

||||||||
▲ 家庭渗漏

在美国家庭供水系统中，漏水的管道、水龙头每天至少会浪费 30 亿加仑的水——这可是字面意义上的"付诸东流"。

||||||||
▲ 压裂

为了让水力压裂井保持运转（即"压裂"作业），从而开采天然气，仅仅在宾夕法尼亚州东部，每天就要用掉约 3 000 万加仑的水。

||||||||
▶ 瓶装水

在美国，每年约有 100 亿加仑的水被制成瓶装水，也就是说，每人每年大约要消耗掉 150 瓶瓶装水，而且这个数字还在迅速增长。

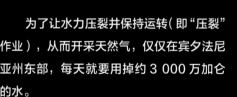

第三次世界大战会与水有关吗？

因为水的问题，全世界每年有数百万人被迫离开家园——要么是水太多，导致洪水泛滥；要么是水太少，导致干旱和饥荒。"五角大楼在过去十年里进行了两次评估，"护水者联盟律师、主席小罗伯特·F.肯尼迪表示，"这两次评估都表明，全球变暖，特别是水资源短缺，将对全球政治体系和人口造成损害，因此，对美国国家安全来说，这是个主要威胁。"

高风险的商业投资也开始发挥作用。肯尼迪继续说道："在过去十年里，根据世界银行的说法，水务私有化已成为价值数万亿美元的产业。我们已经看到世界各地爆发'水战'：在玻利维亚的科恰班巴，在伯利兹，还有其他许多国家——外国公司进驻这些国家后，将当地的供水私有化，然后抬高水价。这样一来，那些负担不起高水价的穷人就真的被杀死了。"

那些流离失所、走投无路的人被卷入内乱和政治冲突（包括犯罪、恐怖主义）的可能性更大。此外，世界上许多政治最敏感的地方，例如中东，都在沙漠地区。水的问题可能会加剧暴力冲突。

你知道吗

在撒哈拉沙漠以南的非洲，大多数人从水井、泉水、湖泊和河流中打水。人们每年花在打水上的时间共计 400 亿小时。

要是能用水枪来打"水战"该有多好。

"全世界每年有几百万环境难民，因为缺水，他们被迫流离失所，这引发了内乱甚至冲突"

——小罗伯特·F.肯尼迪

想一想 ▶ 那瓶水真正的价钱是多少？

在美国，每年售出大约 500 亿瓶塑料瓶装水。仅仅是制造瓶子，就需要近 2 000 万桶石油，等量的石油足以让 100 万辆汽车行驶一整年，或者为 20 万个家庭提供电力。这些瓶子中有四分之三没有得到回收，每年造成超过 10 亿磅的塑料垃圾。

> "纽约市的自来水非常好，因为哈德逊河谷的河口非常丰沛——而在旧金山，我们的自来水也相当不错。"
>
> —— 亚当·萨维奇，《流言终结者》联合主持人

水的世界

加利福尼亚发生了什么？

多年来，加利福尼亚一直经受着干旱和热浪的侵袭——这简直成了历史遗留问题，再加上人们过度用水，该州和它的近 4 000 万居民陷入了水危机。而且，根据该州的气温记录，2014 年和 2015 年是 121 年来最热的两个年份。现在那里已经有了 11 万亿加仑水的缺口，需要由未来的雨雪把这个缺口填上。

> "水属于所有人。它不属于国会、参议院、大公司，而是属于我们所有人。每个人都有使用它的权利。"
>
> —— 小罗伯特·F. 尼迪

这还不仅仅是降雨和降雪的问题。加利福尼亚及其邻近州有一些长期存在的陈旧政策，已经严重影响到了当地的水务情况。一百多年前政府颁布的水资源分配法令仍在大行其道，并且造成了一些问题。

小罗伯特·F. 肯尼迪解释说："政府希望白人搬到西部各州去，在那里定居，并且把土地从墨西哥人和印第安人手里夺过来。所以，他们是这样做的，他们说，'如果你到这里来，你就能拥有水——想用多少就用多少，听凭你处置。'"

"也正因为如此，在西部地区有极其不合理的法律，鼓励人们尽可能多地用水——在沙漠里种水稻、种苜蓿，兴建拉斯维加斯、斯科茨代尔这样的城市。结果到了现在，科罗拉多河在沙漠里干涸了，再也无法汇入大海。"

导览

科技能解决我们的水问题吗？

要是不计较花费，我们是有可能把海水转化成淡水的。在这个过程中，我们会用到一个技术——反渗透，也就是用隔膜过滤高压盐水。这道隔膜可以阻止盐通过。这样一来，我们就能大规模地淡化海水，或者说是从咸水中去除盐分，然后，我们再把得到的水通过管道输送到内陆城市或农场。每 100 加仑淡化水的成本约为 60 美分，是建造新水库或回收废水成本的两倍。

你知道吗

进入 2016 年后，整个加利福尼亚都严重干旱。从记录来看，整个州有四分之三的地区遭遇了严重干旱、极端干旱或异常干旱的情况。

"美国是世界上龙卷风最多发的国家，我们遭受了这些超级飓风的袭击。"

——尼尔·德格拉斯·泰森博士

第三节

极端天气背后的秘密

龙卷风、飓风、洪水，它们具有极端的天气特征——空气、水和热量按不同比例混合在一起，从而强有力地释放出能量，这些能量可能会给我们的生活造成严重破坏。

热量是形成风暴的诱因。在阳光的照射下，地球某些部分（如海洋）自然吸收的光比其他部分（如极地冰盖）更多。于是，温差产生了，热量从较热的地方流向较冷的地方。在热空气和冷空气碰撞的地方，形成了风暴的锋面。要是它们碰巧在你的屋顶上发生了剧烈碰撞，你就得祈祷屋顶不漏水。

和大多数事物一样，风暴不一定都是坏事。举个例子吧，飓风会带来大量降雨，有时这是我们所需要的。其实，只要不是特别严重，风暴不过是种天气变化。而流动和聚集的热量越多，风暴就越猛烈。我们知道地球表面正在升温。但是温度上升到了什么程度呢？我们能不能阻止地球升温，又该不该这样做呢？多少热量才算是过量呢？但愿我们不用非得解决这个难题。

应对极端天气的装备目前只有这些。

晚间饮品

风暴天气

气候的迷思

气候和天气有什么不同？

要想了解气候，有这样一种传统方法，那就是考虑每年春天什么时候种西红柿。你可以根据气候区来种植——通过气候区的指标，你可以预测特定季节的降雨量、终霜通常出现的日期、夏季的平均高温、树叶变色的月份，等等。根据气候，每年的这些事情都是可以预测的。

> "天气是短期的，气候是长期以来天气的平均状况。"
>
> —— 安德鲁·弗里德曼，记者

不管是晚霜、热浪还是干旱期，在出现这些天气现象时，你都得特别关注你的植物。你也得当心，突如其来的雷暴和闪电会让你的房子断电。这些事情每一天、每一小时都在发生变化，虽然，它们最有可能发生的季节是固定的，但是究竟在哪一天、哪一夜发生，却是不固定的。

我们倾向于认为，气候是可以预见的——但是气候也会变化。讽刺的是，有些人否认全球变暖的影响。他们说："有什么好担心的？气候总是在变化！"好吧，但正常情况下，气候可不会变得那么快。

这非常重要。自从农业开始发展，地球上每个经历了重大气候变化的时期要么分崩离析，要么被摧毁，最终消亡。如果我们遭遇快速的气候变化，也会有同样的命运吗？

由尼尔和"钟楼"调酒师德克调制

这是经典加勒比鸡尾酒"黑色风暴"的改款

2 盎司 黑麦威士忌
6 盎司 姜汁啤酒

在高脚杯中放入半杯冰块，把上述两种原料倒入杯中。

然后搅拌。

> "在初中的气候科学课上，喷流和天气相伴而舞。"
>
> —— 尤金·米尔曼，喜剧人

想一想 ▶ 天气会不会越变越糟？

当气候变化时，天气也会发生变化——但要经过长时间才能观察到，而且这些变化很少是绝对确定的。不过，在过去几十年里，某些特定类别的自然灾害确实通过种种形式，变得更加普遍、更加剧烈，特别是干旱、洪水、飓风等。这种现象之所以会发生，是因为全球的气温和水温升高。

我们世纪的风暴

是什么导致了恶劣的天气？

许多人似乎认为，世界正在经历的极端天气事件比以往任何时候都要多。尼尔·德格拉斯·泰森博士提出疑问："这些猛烈的风暴……似乎在强度、规模、大小和破坏性等各方面都打破了纪录……这些风暴到底是从哪里来的？"

让我们先来谈谈风暴（不管它是否属于极端天气）吧。之所以会有气象，是因为暖空气、冷空气和水的相互作用。暖空气上升后，它下面的区域就形成了低气压；为了平衡气压，另外一些空气流入这个区域。于是就产生了风。不过，气流并不总是那么平和——如果暖空气十分潮湿，其中的水蒸气会在遇冷时凝结。这就形成了云和雨。当云一朵朵飘过时，静电就在云层中积聚，并且以闪电的形式来放电。要是这个过程出现反复、加剧，你就会遭受雷暴、微下击暴流、龙卷风和飓风的袭击。

风暴达到一定的严重性则需要能量——这些能量通常是热量。一般情况下，在一个天气系统的水蒸气里，所包含的热能就相当于许多原子弹的能量！

导览

美国历史上最糟糕的飓风有哪些？

1900 年： 得克萨斯州的加尔维斯顿——一座海拔 8 英尺的岛屿，被 15 英尺高的风暴潮淹没。大约 6 000 人死亡。

2005 年： 五级飓风"卡特里娜"袭击了美国墨西哥湾沿岸。这场飓风破坏了路易斯安那州新奥尔良的堤防，淹没了这座城市。超过 1 800 人死亡。

2012 年： "桑迪"是大西洋历史上最大的"超级风暴"，其直径超过 1 100 英里。这场风暴杀死了 8 个国家的 233 人，造成了价值 750 亿美元的损失。

想一想 ▶ 飓风的强度等级是怎样划分的？

飓风的强度等级是按照其最高持续风速划分的。一级飓风，至少为 74 英里 / 时；二级飓风，至少为 96 英里 / 时；三级飓风，至少为 111 英里 / 时；四级飓风，至少为 131 英里 / 时；五级飓风，至少为 156 英里 / 时。"我曾经查阅过关于每个强度等级所造成的损害的描述，"太空"地狱学"专家尼尔·德格拉斯·泰森博士说，"这就像跌入但丁笔下的地狱一样……地球这是在试图杀死我们。"

"地球从未有过稳定的外壳。到处看看吧；它每天都在翻腾着。所以我们才会有地震。去网上看看美国地质调查局的地震页面吧。那里有世界上所有地震的记录。一天大约有几百场地震。每一天都是如此。"

——尼尔·德格拉斯·泰森，太空"地震学"专家

海啸危险区域

万一发生地震
去高地或内陆

某些沿海地区发生海啸的风险更高。

是什么导致了地震、火山爆发和海啸？

地壳不是"铁板一块"，它是由巨大的岩石构造板块构成的，其中一些板块有几百万平方英里那么大。这些板块以每年几英寸的速度在地幔上悄悄移动——速度慢得几乎让人察觉不到。不过，当这些板块相互碰到时，它们可能会卡仕，并且产生压力。

这就是所有这些重大灾害的起点。最先出现的是地震——但我们永远不会知道它们真正产生的时间。"地震实际上是在地幔中产生的。地幔流体位于我们脆弱的地壳下面，"火山学家詹姆斯·韦伯斯特博士解释说，"因此，要想在任何时刻都及时预测出不久后发生的事情，这是很困难的。"

最后，如果一个板块弯曲或脱落，或突然释放压力，那么就会发生地震。如果压力释放得足够猛烈，板块下面的岩浆就会喷出地面，引起火山爆发。而如果海底地震错误地干扰了海水，那么一堵水墙可能会从地震发生的位置向外涌动，引发海啸或潮汐波，并且扫清一路上的所有障碍。

值得庆幸的是，我们已经开发出了相关技术，可以预测自然灾害，并且衡量它们的严重程度。但是，建立精准的机制仍需要时间。"原来的里氏震级无法准确测量最高强度的地震，"行星科学家史蒂芬·索特博士说，"所以，在20世纪70年代，人们根据矩震级，设计了新的震级标度……每增加一个震级，地震释放出来的能量会增大33倍。"

在俄罗斯诺夫哥罗德，"烟云"笼罩下的白天。

我们世纪的风暴

温室效应是如何起作用的？

在寒冷的夜晚，当你躺在床上时，身体的热量会向上辐射，这样一来，你就会觉得冷。要是你盖上毯子，毯子的纤维层会吸收一些热量，形成温暖的屏障，从而减缓身体热量散失的速度，这时，你的身体就会保持温暖。要是你有一大堆毯子，那你留住的热量就更多了，你会又暖和又舒服。

这就是温室效应的工作原理。二氧化碳、甲烷、水蒸气或其他温室气体分子并不会像玻璃一样反射热量。相反，它们非常善于吸收红外线（也就是我们感受到的热量），然后再把红外线辐射到地面上。它们几乎不吸收可见光，因此阳光可以畅通无阻地照射到地球表面。不过，在温室气体的笼罩下，任何来源的地面热量逸散到太空的速度都会变慢，不管是地球接收的太阳热量、来自地球内部的地热还是人们燃烧化石燃料所产生的热量。

你知道吗

几千年来，地球上二氧化碳等温室气体的含量一直在自然而然地变化。但是，在不到两百年的时间里，人类已经把二氧化碳的含量提高了一倍——比没有人类干预的自然速度快了一百倍。

绕太阳旋转

太阳黑子对地球有什么影响？

太阳黑子是太阳表面的剧烈磁暴。许多太阳黑子比整个地球都要大。尽管太阳黑子所在的位置，电磁能输出的总量增加了，但实际上这些太阳黑子的温度略有下降，也正因为如此，在太阳明亮背景的衬托下，太阳黑子才会看起来更暗。太阳黑子对我们从太阳得到多少热量和光影响不大，但是带电粒子的爆发确实对地球产生了影响。

太阳和大气科学家朱迪思·利恩博士解释了这些风暴是如何影响我们的："卫星轨道和无线电波通信环境的天气，是由太阳掌控着的……要是在你想用 iPhone 联网时，太阳风暴出现了，把所有的等离子体撞到地球的磁层中，并且影响到了连接你的通信系统的卫星，这个时候，你就会真的关心太空的天气了。"

太阳黑子的持续时间通常不会超过一两个星期，而且它们所覆盖的面积很小，所以总的来说，它们对地球的影响往往很小。

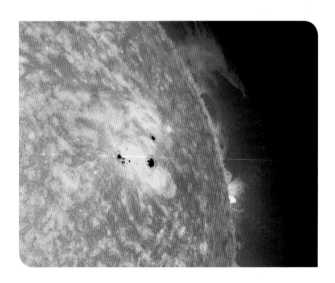

这些太阳黑子出现于 2013 年，它们的直径比 6 个地球的直径还要长。

回归基础

我们正走向另一个蒙德极小期吗？

太阳黑子出现的频率起伏不定，但是每隔 11 年左右，它们的数量就会达到峰值——天文学家称其为太阳黑子最大值。随后，它们的数量会降到最小值，然后再次上升。不过，最近一次的太阳黑子最大值却是个"哑弹"，出现的斑点只有以往的一半。这是怎么回事呢？"可能太阳黑子这回的活动周期特别长，另一种可能是我们正走向蒙德极小期。蒙德极小期在 1645 年出现过，在这之后大约有 50 年，太阳黑子都消失了。"太阳科学家斯蒂芬·科尔博士说。

安妮·蒙德和沃尔特·蒙德最早解释了蒙德极小期，这个概念就是以他俩的名字命名的。在蒙德极小期期间，全球的气温也略有下降，冬季比平时更加漫长，而且会有些以前没结过冰的河流和湖泊冻结。不过，我们现在并没有走向另一个蒙德极小期——我们的气候正在变暖。

你知道吗

在太阳表面，被太阳黑子覆盖的面积只有不到 1%。而在已知的其他恒星表面，被黑子覆盖的面积超过了 50%。

极地向导埃里克·菲利普斯在西伯利亚徒步旅行

这里的天气变冷了吗？

塞尔维亚天体物理学家米卢廷·米兰柯维奇（1879—1958）进行了许多精细的计算，结果表明，在地球绕太阳公转时，地球运动经历着长期的微小变化，这些变化会以微妙而重要的方式影响我们的气候。米兰柯维奇循环有三个主要组成部分：首先是地球进动——地球自转轴的方向逐渐漂移，追踪它摇摆的顶部，因此，北极点的方向一直在变化。

地球大约每 23 000 年完成一次完整的进动。米兰柯维奇循环的第二个组成部分是地轴倾角，它影响着季节的长短。每过 40 000 年，地轴倾角会变化大约 2°。第三，地球绕太阳旋转的轨道形状会发生变化，这会影响地球每年接收的日照量。轨道形状可以从稍稍偏椭圆变得接近圆形，然后每过 100 000 年，它的形状又会变回来。

目前，地球似乎处于米兰柯维奇循环的中间位置——因此，根据米兰柯维奇的推测，我们的气候应该相对温和。

"有些地方不容易遭受自然灾害……比如不受气候波动影响的地方。举个例子吧，雨林就是这种地方。"
——尼尔·德格拉斯·泰森，太空"丛林学"专家

气候周期：依据在哪里？

地球上的气候自然而然地变化，不管是在局部地区还是在全球都是如此。 不过，自然发生的周期很长，而人为造成的气候变化却十分迅速。有哪些依据可以让我们衡量这些变化，并且对它们形成全面的观照？

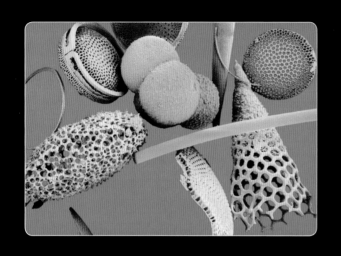

|||||||
◀ 海洋沉积物

在海洋深处，埋藏着浮游生物、硅藻和其他生物的化石，它们可以显示出这些生物构造过程中的温度和环境条件。

|||||||
▶ 花粉

把这些细小的颗粒冲进或吹入湖泊和池塘后，它们就会嵌入沉积层中，为我们提供过去植物的记录——以及它们当时赖以生长的气候。

|||||||
◀ 冰芯

在古老的深层冰川和浮冰中有一些小气泡，它们揭示了地球大气层的温室气体水平——这些气体的历史可以追溯到 50 多万年以前。我们可以由此追踪从那时到现在的温室气体水平。

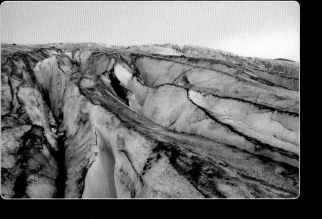

|||||||
◀ 岩石

　　冰河时期，在大型冰川的边缘地带形成了风化土和沙沉积，例如黄土和风尘。一层又一层，它们逐层讲述了地球上一些最剧烈的气候变化的历史。

|||||||
▲ 湖泊水位

　　在世界上较干旱的地区，随着气候和湿度的变化，湖泊的深度和面积会发生巨大变化。通过湖泊沿岸的化石沉积，可以追溯气候的历史。

|||||||
▲ 岩洞

　　矿床是由地下岩洞中的地下水形成的，例如石笋和钟乳石。这些矿床的原子特性、沉积厚度记录了它们形成时的气候。

|||||||
▶ 树的年轮

　　通过树木的年轮、火疤，以及沉积物里的炭，古气候学家可以估测出世界各地的环境条件和火灾历史。

气候变化

如果地球升温 1℃会发生什么？

根据气候模型研究，科学家认为，未来 50 年内，地球表面的平均温度会升高 1°F 到 5°F——最有可能会是中间值 1℃（1.8°F）。

两大未解之谜是：这些热量会造成什么变化？这些变化会在哪里发生？通过几十年来的数据和研究，联合国政府间气候变化专门委员会（IPCC）的科学家和政策制定者正尝试解答这两个问题。

气候学家辛西娅·罗森兹威格博士说，他们的讨论火花四溅："在达成共识之前，IPCC 的全体成员进行了激烈的辩论。"

喜剧人迈克尔·彻想知道有没有人在辩论中被炮轰，他得到了一个简短的答案：谢天谢地，没有。

"我只是在说，"彻辩解说，"要是我们不小心，这些分歧可能会走向失控。"

至少有一个科学事实是每个人都完全赞同的。对任何一个人来说，随便哪一天升温 1℃都没有什么大不了的。然而，对整个地球来说，这些多出来的热能每年足以掀起数百场飓风、洪水、龙卷风和暴风雪。一件事导致另一件事，而这样一些循环加速了气候变化——这是一个正反馈过程。

回归基础

什么是"曲棍球棒效应"？

想象有这样一个图表，一开始它缓慢上升，然后出现突发性的飙升：这就是"曲棍球棒效应"。这个充满戏剧性的图表展示了一段时间内地球大气中的二氧化碳水平。至少有 400 000 年，二氧化碳水平在 150 ppm 到 300 ppm 之间循环。随后，在短短 70 年（不到 400 000 年的 0.02%）内，二氧化碳水平激增到了 400 ppm。图表的形状几乎马上从近乎水平的线变成了近乎垂直的线。

"自 1880 年以来，气温差不多升高了 1℃……两极的升温还要厉害得多……大约有 3℃ 到 4℃……所以你才会看到冰川融化……这是升温的正反馈。"

—— 辛西娅·罗森兹威格博士，
气候学家

想一想 ▶ 什么是反照率，我们为什么要关注它？

反照率（其英文说法 Albedo 与鱼雷的英文名字 torpedo 押韵）这个术语，被用来反映一个表面吸收或反射了多少热量和光。纯黑表面的反照率为 0，一面完好的反射镜的反照率也是 0。刚下的雪的反照率约为 0.8，冰的反照率大约是 0.4。土壤和水吸收光和热，因此它们的反照率约为 0.1。如果地球上的冰雪融化，地面和海洋表面就会扩大，这样一来，地球总体的反照率就会下降，地球的升温速度就会更快。

> "世界上各个城市的市长……已经聚在一起，建立了联系网，并且共同签署协议，为温室气体排放设定了目标和时间表。"

—— 辛西娅·罗森兹威格博士，气候学家

如果全球冰盖融化，那么曼哈顿将被淹没。

气候的迷思

气候变化如何导致干旱和洪水？

多余的热量会造成不同的结果。地球上有些炎热的地方是沙漠，另一些则是热带雨林。当炎热的地方变得更加炎热，往往会发生干旱。而当寒冷的地方升温时，那里的冰就会融化。

▶ 湿度如何加速气候变化？

随着冰融化并排放出液态水，可能会发生巨大的气候变化。气候学家戴维·林德博士说："当气候变暖时，湿度就会增加……然后可能会下大雨。在过去十年里，我们一直在观察……更多的降水，更多的干旱，更多的洪水，一切都加剧了。"

▶ 海洋已经上升了吗？

你可以问问南佛罗里达州的居民，那里的海鱼经常被冲到迈阿密市区的街道上去。气候学家辛西娅·罗森兹威格博士用数据说话，提出了另一个论点："这些都是海洋升温的连锁反应……我们的海平面持续上升，这已经在发生了。就在纽约市，过去100年来，海平面上升了1英尺。"

▶ 气候变化是否引起了热带风暴？

我们无法把单独的一场风暴与气候变化直接联系起来，但风暴的性质却与气候变化相关。"任何一场风暴来临……海洋都会上升一英尺，海平面也会随之上升一英尺，"罗森茨威格博士解释说，"所以'桑迪'来袭时的洪水大小，实际上与气候变化直接相关。"

> "这里的目标其实应该是……一个真正拥有无限能量的未来，我们甚至不必进行这些对话，也不必让大气升温，或是让地球去经历那些它一百万年来都没有发生的事。"

—— 尼尔·德格拉斯·泰森，太空乐观主义者

气候变化

我们到达临界点了吗？

一些研究表明，存在这样一个临界点：一旦地球的温室气体达到临界水平，或是失去了一定数量的极地冰，我们就到了临界点，从此以后，我们再也无法阻止或者逆转全球变暖。有这个可能吗？如果是这样，我们是不是已经到了临界点？

就算你用上你能找到的最好的工具，要想准确地预测未来，也总是很困难的。优秀的科学家，例如气候学家辛西娅·罗森兹威格，能轻易发现这些工具的局限性。"我们使用模型，它们是整个气候系统的大型数学方程组……它们做出的预测是对的吗？总的来说，这些预测都不错，不过，有些变化的速度比它们预期的要快。极地冰盖的融化大概是最显著的例子。"

我们现在使用的大多数气候变化模型都表明：如果存在理论上的临界点，我们可能会接近这个临界点，但目前还没有发生这种情况。不过，这些模型都无法预测将会发生哪些科学进步——或者疯狂的自然事件，从而颠覆这些预测。

人类活动将地球推向了悬崖边缘。

导览

农业是怎样影响气候变化的？

我们一般认为，大型工业烟囱和城市交通污染是造成全球变暖和气候变化的罪魁祸首，那我们生产食物的方式呢？"（农业）本身就排放了温室气体，"气候学家辛西娅·罗森兹威格说，"牲畜也因为肠道发酵（牛消化食物的方式）而排放出大量甲烷，这是一种非常强大的温室气体……制造氮肥非常耗能。再加上肥料本身，在施用时会释放出另一种温室气体：一氧化二氮。"因此，食物生产会助长全球变暖。气候变化正在改变我们的食物生产方式。干旱正在破坏农田的生产力。曾经肥沃的沿海地区如今被淹没了，或是不再宜居。而且，播种季节正在变化，这些也会影响到农作物品种的选择。

气候变化

化石燃料和温室气体：到底发生了什么？

"很多聪明人和受过良好教育的人就是不相信人类活动会导致气候变化。以这个倒霉的家伙（姓名保密）为例：有医生曾对他说：'我知道你是个天体物理学家，我得告诉你，我就是不相信人类会对气候产生影响，因为我们太渺小了，而地球却那么庞大。你怎么看？'"

那么，怎样才能正确地回答这个深刻的问题呢？

汽车尾气只是造成气候变化的因素之一。

▶ **看一看地球**

看看那些从太空拍摄的地球之夜的照片吧。我们渺小的人类是如何把全球从黑夜变得亮如白昼的？那么我们为什么不能给地球增加一点热量呢？

▶ **算一算**

燃烧化石燃料会产生二氧化碳，它们的数量很容易计算。把这些数字加起来，我们就能得出，过去一个世纪有多少二氧化碳被排放到了大气中。

▶ **看一看金星**

做点儿天文学家要做的吧——看看我们的邻居金星。金星的平均温度为 900° F。它的暴风速每小时达到 400 英里。金星上没有液态水，也没有生命。那才是温室气体带来的真正影响。

"所以我们在温室气体排放方面所做的，就像给地球盖上一条更厚、更蓬松的毯子——有时我们会这样形容。我们的这些行为会产生影响，这正是我们关注的原因。因为气候系统影响着地球上的一切。"

—— 辛西娅·罗森兹威格博士，气候学家

想一想 ▶ **清洁空气会加剧全球变暖吗？**

"除了把所有这些二氧化碳排放到大气中……（我们还）往空气中排放了许多尘土和气溶胶——它们把阳光反射回太空，对气候起到了降温作用。那么问题来了，相对于这些气溶胶引发的降温，我们不知道我们造成了多大程度的升温。"

——大卫·瑞德博士，气候学家

"我认为整体态度应该是，我们不该浪费地球的恩惠，这是最重要的。"

—— 大卫·艾登堡爵士，博物学家

第四节

环境污染有没有解决方案？

　　动植物生活、生长并产生废物。从这种意义上讲，人类产生污染似乎相当……自然。不过，工业化为人类带来了巨大的利益，它也留下了许多垃圾，给我们带来了大麻烦。现在，我们造成的环境变化似乎威胁到了我们的生存！

　　值得高兴的是，我们正在学习为自己善后。不过，一旦解决了一个难题，我们又得"驯服另一个新的怪物"。1800 年代中期，人们首次开采石油，在此之前，人们都是通过捕鲸来获取大规模的油料资源——鲸油，由于人们的大肆捕杀，鲸鱼差一点灭绝了。如今我们从地下开采化石燃料——我们因此遭受了压裂引发的地震。汽车问世之前，纽约市的街道上到处都是马粪——如今我们则要面对雾霾弥漫、全球气候变暖。

　　要打造一个健康无污染的世界，我们下一步应该怎么做？还有其他解决方案吗？又会有哪些问题随之而来？

是时候转向可再生能源了。

如今我们面临的最大工程学挑战是什么？

工程学最早遇到的重大挑战，可能与建造古代文明的宏伟建筑有关，例如埃及的金字塔。接下来是宏大的公共工程，例如古罗马大渡槽或是现代的胡佛水坝。为了设计并建成这些公共工程，人们花费了大量心思，投入了大量资源。从纳米技术（例如用细胞大小的机器人来治病）到生物技术（例如创造人造器官和四肢），再到人类在太空中的住所（例如国际空间站，也许有一天还有火星），如今，我们在各个方面面临的工程学挑战都同样重大。不过，仅仅从规模来看，我们面临的最大挑战是什么？

> "我想说的是气候变化。那么你打算如何（解决）呢？我会说，我们要对整个地球进行工程设计。我们要把整个地球看作一个系统，并且促使人们齐心协力地管理这个系统。"
>
> ——比尔·奈

从我们的星球去太空旅行，然后再安全返回地球，这可能是我们迄今为止最大的工程学挑战。数百名科学家、企业家正在不懈努力，想要达到这个重要的里程碑。

工程师的工作就是利用科学技术来解决问题。那么，放眼未来，人类在地球上面临的最大问题是什么？

如果答案是全球环境恶化，包括全球变暖导致的气候变化，那么，我们就必须在全球范围内制定解决方案。气候变化这整个概念太宏大了，要想解决它，不可能毕其功于一役——大家需要团结协作、未雨绸缪。在解决复杂的问题时，我们往往需要把它拆分成一个个容易解决的小问题，而在解决每个小问题时，我们还必须先了解其他所有的相关问题——只有这样，我们才能得出优秀的解决方案。否则，我们的解决方案可能会造成意想不到的后果，并且引发新的甚至更大的问题。

掩饰是无法解决全球变暖问题的。

> "当您谈论其中一些解决方案时——例如开展地球工程，或者设计一些有机物以便把二氧化碳从大气中吸出来——要是我们进行得太成功，没办法让这些有机物停下来怎么办？那所有的二氧化碳都会消失的！我们都会死掉……你需要一定量的二氧化碳，不多不少刚刚好。"
>
> ——大卫·格林斯彭博士，天体生物学家

导览

飞机可以用酒精做燃料吗？

尼尔阐释了巴西减少化石燃料使用的独特方法："巴西拥有世界第三大航空航天工业。该行业价值 200 亿美元，拥有 18 000 名员工。他们发明了一种飞机，这种飞机用酒精做燃料，是纯酒精……基本上由太阳能驱动。因为酒精是从植物中提取的，而植物则从阳光中获取能量。"

不过，这个方法是存在问题的。酒精是从植物中提取的——在巴西主要是从甘蔗中提取的，但要想把植物材料加工成酒精，然后再转化为燃料，实际上需要大量的能量，而且最后得到的燃料所提供的能量并没有喷气燃料那么多。所以，到目前为止，还没有一个节能的办法，但是如果我们进一步研究这项技术，我们有可能在全球范围内使用由酒精驱动的飞机。

我们世纪的风暴

化石燃料从哪里来？

今天保留下来的煤炭、石油和天然气，都是由死了很久的生物体在地底形成的。它们含有的碳逐渐变成化学形态，燃烧时会释放出大量的热量和二氧化碳。让尼尔来解释这个问题吧：

"在地球历史上的石炭纪时期……树木死亡后一直留在那里……植物是由碳构成的——碳是它们的主要成分——因此，每棵树生长时都会把碳排放到大气中。（当树倒下时）碳留在了树里。这种情况一直持续下去，枯死的植物层层堆积，被埋在地壳中。它们变成了化石燃料，几百万年来一直埋在那儿。大气中的碳本来处于稳定的平衡状态，但当我们开采埋在地底的碳，把它们排放到大气中，大气中的碳平衡就会被打破。"

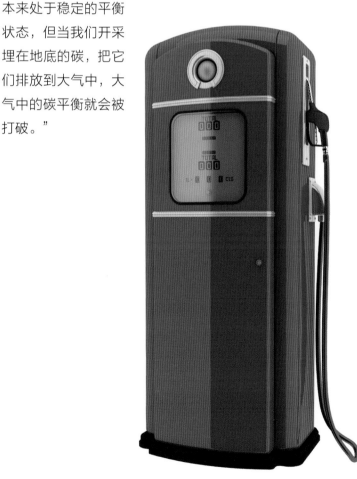

"所以，我们在飞机上喝酒，他们在制造由酒精驱动的飞机。"

——尼尔·德格拉斯·泰森博士

宇宙之问：行星地球

史前的夕阳是红色的吗？

有人说，我们的夕阳之所以是红色，是因为人造微粒（即空气污染）在傍晚时分散射的光比其他时候都要多。那么问题来了：在出现空气污染之前，夕阳下的天空是不是真的很没劲？完全不是。首先，为什么天空看起来是蓝色的？这与大气层有关。如果地球没有大气层，即使是在白天，天空也会是黑色的。但我们确实有大气层，里面充满了空气分子，当阳光穿透我们的大气层时，这

不只是污染。它可以是花粉，是水蒸气，是从沙漠吹来的灰尘，是火山颗粒——所有这些颗粒都能让夕阳变成红色。

——尼尔·德格拉斯·泰森博士，太空"夕阳"专家

些分子会把光散射到各个方向去。事实证明，它们散射蓝光的能力比散射红光强，因此，我们能看到大部分蓝光。太阳落山时，阳光在射入你的眼睛之前，穿过了更多的空气分子，还穿过了比空气分子大的悬浮粒子。由于阳光被这些多余的空气分子和颗粒物质散射，日落时的天空看起来就成了黄色、橙色和红色。任何来源的颗粒都可以达到同样的效果。

犹他盗龙插图：它们正穿过被夕阳照亮的史前草原。

《星际奇谈》直播：水的世界（第一部分和第二部分）

什么是能源在任者和"生物变色龙"？

我们正在使用的能源很像在任的政客：它们已经在任了，我们知道它们可以完成工作，有时候人们希望事情保持这种状态。能源在任者包括煤炭、石油、天然气和核能，许多人出于财务原因（工作职位和收益），指望它们连任。不过，我们想不想投票罢免它们，转而支持新能源，例如风能、太阳能和地热能呢？

"环保主义者和工商界人士已经意识到，良好的环境政策与良好的经济政策是一回事，"小罗伯特·F. 肯尼迪表示，"要是你和污染大户谈话，他们会告诉你：我们必须在经济繁荣与环境保护之间做出选择。但他们的选择是错误的。"

有些人试图掩盖科学现实，以便帮助公司实现目的。肯尼迪给这种人起了个十分讽刺的名字——"生物学家"和"变色龙"的合成词。"通过向政客投资一点钱，然后为所谓的'自由市场'智囊团投入一些资金……他们会把这些冒牌科学家喂饱，于是，这些'生物变色龙'就会声称没有全球变暖这回事。"

导览

他们在想些什么？

"前几天，我拍了一部有关信天翁的电影。这只信天翁正在筑巢，它刚绕着南极海洋和大陆飞了一圈回来，一路上都在为幼鸟搜集食物……所有东西，它喂给小鸟的所有东西都是塑料的。整个太平洋都有这种情况发生。鸟类从海面搜集食物，然后带回去喂给幼鸟。食物是塑料的。它们不可降解，所以会永远存在。我们说：'太棒了。我们发明了一种坚不可摧的新化合物'……却没有人说：'好吧，要是我们继续这样做，以后会发生什么？'这不是很离谱吗？"

——大卫·艾登堡爵士，博物学家

你知道吗

据估计，在全世界的海洋中，近 80% 的海洋垃圾都是塑料。

想一想 ▶ 岩浆能清理太平洋的垃圾吗？

"这种创造性思维是我们真正需要的。怎样才能真正摆脱塑料？把它们放在俯冲带，然后送到地球的地幔里去当然是个好点子。如果我知道具体该怎么做，我会全力以赴……我对任何设想都持开放态度。"

——大卫·格林斯彭博士，天体生物学家

水的世界

是不是多植树就行了？

树木（以及其他植物）吸收二氧化碳并释放氧气。所以，如果说过多的二氧化碳正在使地球变暖，那么种植更多的树木难道没有帮助吗？几年前，成千上万的志愿者把树苗汇集在喜马拉雅山的拉达克地区，并且在那里植树。仅仅在 2012 年，他们就在一小时内种植了近 100 000 棵树！

植树很简单，如果对此加以协调、种植得宜，可以让生态系统变得更好。当然，就像任何单一的行为一样，植树的效果是有限的，在生态和时间上都是如此。按照人类的标准，树木需要很长时间才能长成。而且，植树还可能造成意想不到的后果：它们会不会排挤现有的植物、和它们竞争资源？如果在一个地方大面积种植同一种植物，它们生病、遭遇病虫害的概率会不会增加？归根结底，尽管可能会有种种问题，像植树这样的事情才是开创美好环境的好办法。

回归基础

比尔·奈关于气候变化的睿智话语

"我们将置身险境。我们还不知道谁会先抓住救生圈：气候变化会削减大量城市人口，引起巨大动荡；或者，会涌现出一批懂科学的人，他们怀揣着对科学真理的热情，并且通过批判性思维来理解世界……所以当我说这是险境时，我的意思是：我们可能会失败。人类的确有可能陷入巨大的困境之中。不仅仅是发展中国家沿海地区的人口，每个人都可能陷入困境。所以……这是一场（我们和气候变化的）赛跑。这就是我们做这些的原因。

—— 比尔·奈谈人类险境

"大量抽取地下水，会造成一些断层的松动，然后它们就会移动，从而引发地震。幸运的是，水力压裂引发的地震往往在很浅的位置，而且程度很轻。有人甚至认为这种地震不无好处，因为它们减轻了断层的张力，否则张力日益积累，最后会导致更大的地震……这确实表明，有些意想不到的结果是和我们的初衷背离的……它们正以激烈的方式改变地球。"

—— 天体生物学家大卫·格林斯彭博士谈压裂是否会引起地震

地球生命故事：对话大卫·艾登堡爵士

我们可以通过征税来摆脱污染吗？

在世界上的许多地方，已经推行了碳信用机制。政府或企业采取措施减少二氧化碳排放，以此来获取金融贷款。随后，他们可以把贷款用于那些他们决定继续进行的碳生产过程。这种方法可以把二氧化碳排放量保持在较低水平。在某些国家，碳信用已经成为经济和生态动力不可或缺的一部分。那么能不能在美国推行碳信用呢？

比尔·奈带领我们走上了这条道路："石油公司、化石燃料公司已经制定了碳信用制度。在他们的经济模型中，他们期望每排放1吨二氧化碳就征收40美元的附加费……如果我们这样做了，那么二氧化碳排放量不高的国家或地区将对进口的高碳商品征收关税或费用。这不会令'一切都会好起来的'；这只是解决方案的一部分。"

EXPERIENCE THE GRAVITY OF
HD 40307g A SUPER EARTH

回归基础

如果我们把地球毁掉了，我们还能去另一个星球吗？

正如尼尔在社交媒体上说的："星际谜团：通过虫洞离开地球比待在地球上更好，这种未来是难以想象的。"从纯科学的角度来看，修复我们这个世界所需的精力比我们所有人都去另一个世界要少得多。比尔·奈附和说："这种'只用'的思维十分粗暴，你毁掉了一个地方，'只用'搬到另一个地方去——'只用'开拓，'只用'前进……我们必须成为更好的环境管理者，并且，恕我直言，改变地球。"

—— 比尔·奈谈人类险境

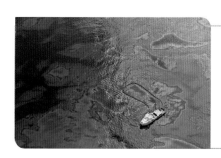

想一想 ▶ **基因技术能拯救我们的环境吗？**

"应该从创造……可以'吸食'石油的细菌开始。这种做法太酷了……你可以获得一些能'吸食'有机化学物质的细菌，这样你就能把油井中产生的其他东西（例如硫等等）都留下，任它们沉入海底。"

—— 比尔·奈

气候变化之争是否公正？

记者不能偏信报道里的任何一方。而在科学层面，我们也要进行竞争对手假设分析——直到压倒性证据出现、双方达成明确共识。对于我们在气候变化这个话题上的态度，科学通讯员迈尔斯·奥布赖恩是这样描述的："在有些报道里，全球科学界 95% 的成员都同意其中一方的观点。给报道里的双方同样的发言时间，这是典型的新闻惯例。在我讨论的这个关于气候变化的情境中，也施行这种典型的'双方相同发言时间'的新闻惯例，公平吗？这样对事实有利吗？我就实话告诉你，不会。确切地说，这是在模糊事实；的确，这种做法是天方夜谭——恕我直言，是个谎言……科学陪审团就是谎言。"

> "没有更多的科学争论。更多的是关于钱的争论——我们应该怎么花钱，应该用它们做些什么。但是，没有科学争论。让我们把这一点搞明白。"
>
> —— 迈尔斯·奥布赖恩

关于气候变化，数据清楚地表明地球正在变暖，而这一切是人类造成的。那是有证据作为基础的最公正的评判。

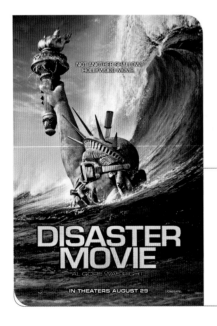

想一想 ▶ 灾难电影会不会引起争论？

一部描绘全球变暖造成的黯淡未来的电影，也许会对人们产生影响。"这类事件的剧情很容易朝着灾难片的方向发展，"记者安德鲁·弗里德曼解释说，"宏大叙事比微妙的细节更富有感染力。"在保留真相的同时让人们感兴趣，这是我们所面临的挑战。夸大其词会使真实的威胁失去可信度。

解决方案是停止燃烧燃料吗？

有人说，我们应该把燃料从我们的未来世界中驱逐出去。"（他们说）我们把能源消耗妖魔化了……在我看来，这种态度是错误的，"太空"能源主义者"尼尔·德格拉斯·泰森博士说，"如果非要妖魔化点儿什么，那你该妖魔化那些改变环境的东西。宇宙中的能源取之不尽、用之不竭……如果有个外星人披着无尽星光、穿过宇宙真空，来到我的面前，我会很尴尬地告诉他，在这儿，在地球上，我们为了争夺石油资源互相残杀……解决方案是停止燃烧化石燃料吗？或者，还有其他解决方案，与停止燃烧化石燃料并不完全对立？和其他可能的解决方案相比，停止燃烧化石燃料完全过时了，就像马对汽车来说过时了一样。"

"自前寒武纪以来，有大量二氧化碳一直埋藏在地底下，你却把它们释放到大气层和海洋里去，改变了大气层和海洋的化学成分。你们为什么要进行这种疯狂的实验呢？太疯狂了。迄今为止，这是历史上最愚蠢的实验。"

—— 埃隆·马斯克，特斯拉汽车公司、太空探索技术公司创始人

▶ **燃烧石油有什么好处？**

实际上，燃烧石油有很多好处：石油冬天能帮我们取暖，夏天能帮我们降温；因为有石油做燃料，我们可以乘坐各种交通工具到或远或近的地方去；有了石油，我们还能提高生产力，为当地和全球经济做出贡献……但从中期和长期（也就是几代人以后）来看，燃烧石油是存在问题的，到了那时，燃烧石油带来的所有短期利益，可能都无法抵消它对环境造成的伤害。

▶ **为什么我们不放弃石油，开辟新的出路？**

许多人正朝着这个目标努力，包括企业家埃隆·马斯克——他也是特斯拉汽车公司和太空探索技术公司的创始人。他表示："如果我们找不到别的东西替代石油来驱动交通工具，那么一旦石油耗尽，经济就会崩溃，我们现今的文明就会终结……无论如何，我们最后都必须摆脱石油。"

技术是宇宙大爆炸造成的必然结果吗？

在 20 世纪，一些科学家开始思考"人存原理"，即我们的宇宙之所以是这样，如果它不是这样，我们就不会在这里。这是否意味着我们的所作所为是宇宙诞生的结果？自从我们的宇宙诞生（也就是宇宙大爆炸）以来，发生过的一切都是注定的，有没有这种可能呢？

这将意味着每一项发明、每一个发现都是必然的，从一开始人类学会生火到造出第一个车轮，再到发明第一辆汽车、打字机、高速运转的计算机。许多杰出的研究人员都敢于深入研究这个棘手的问题，包括天体生物学家大卫·格林斯彭博士。他给出了最好的答案：

"自然法则是宇宙大爆炸的产物。对一些星球来说，这些法则似乎有利于生命的进化。我认为在其中某些星球上，复杂的生命会导致技术的产生。因此，从某种意义上说，技术的进步是宇宙大爆炸造成的。这种情况不一定出现在地球上，其他星球技术发展的道路也不一定和我们的完全相同……

"是的，我认为可以用技术来解决我们遇到的问题。不仅仅是技术；很大程度上，在获取技术的过程中，我们学会了自我认知，学会了更明智地管理自己。不过，在学会自我认知的同时，我们也必须了解有关自然的知识，学会怎样操纵自然，这就是技术。所以，是的，技术是宇宙大爆炸造成的必然结果。它也将成为解决方案的一部分。所以谢谢你，宇宙大爆炸。"

"在宇宙大爆炸时，所有的能量都存放在一个体积特别小的点里，这个点温度特别高，能量充裕，物质就是从这些能量中形成的……于是我们就有了这碗汤——正物质、反物质能量汤。"

—— 尼尔·德格拉斯·泰森博士

也许，宇宙大爆炸之后，光纤成为必然选择。

"想一想森林是怎么应对不同季节的……整整一年里都在发生一系列变化……如果我们观察一座城市，就拿你的城市来说吧，它真的随着季节变化而产生很大变化吗？……我们倾向于认为自己的城市是当下的样子。但它们本不应是如此。"

—— 梅利莎·斯特里，未来学家

人类未来 对话埃隆·马斯克

我们买得起电动汽车和太阳能电池板吗？

全电动化会很棒。不过，为了拥抱未来而把装备全部更新换代，要花掉一大笔钱。太空预算专家尼尔·德格拉斯·泰森博士问道："如果石油很便宜，而且比太阳能电池板还便宜，你怎么能指望人们去买太阳能电池板呢？……如果你有钱的话，你可以买省油的车，但它比不省油的车贵。"

尼尔向他的朋友比尔·奈提出了问题：我们要怎么做，才能买得起电动汽车和太阳能电池板？

比尔·奈回答说："如果必须要靠它们来维持我们目前的生活方式，我们还会买不起吗？"

人们抱怨排放标准和其他诸如此类的规定。"当我们说到气候变化时，有一点很重要：要是你现在反对政府有关环保的规定，对政府很反感，那你就等着事情变糟吧，"比尔·奈说，"只要等到佛罗里达人痛失家园，而迈阿密有一半淹在水里——那时候人们就会服从管理了。"

车顶装有光伏板的电动汽车。

回归基础

我们将怎样解决储能问题？

要想和化石燃料一争高下，太阳能和风能发电也得具备这样一些特点：稳定、可靠和可控。不过，天空会多云，风会停——这些并不总是如你所愿。电动汽车能行驶的距离有限，因为它们在两次充电之间无法存储足够的能量。

上述两个问题都可以通过可充电电池解决，它们体积小、重量轻，而且可以容纳大量电荷。

乐观的预测表明，至少有一种新的电池技术，也就是锂空气电池，可以在大约 10 年内取代目前的锂离子电池。这种技术会使电池的重量减轻80%。

"如果你读过有关玛雅历法的内容，听说过世界末日，你的大脑就会自动把它们联系在一起——然后你就会坚信，这个世界将会终结。"

—— 尼尔·德格拉斯·泰森博士，"末日学"专家

第五节

世界末日

哈米吉多顿，诸神黄昏，"世界末日"。在迷信、神话和预言盛行的年代，为什么人类集体灭亡的主题会如此流行？研究世界末日情结的心理学家说，如果我们一定得死，我们中的大多数宁愿所有人一起壮烈赴死，而不是被别人忽视、遗忘，孤零零地死去。

在早期文化中，自然灾害摧毁了一切。随着我们开始理解自然的力量，人们转向了超自然的事物，例如魔鬼。人们认为，魔鬼是在公元1 000年被放逐到世界上来的。如今，伪科学取代了宗教——人们把部分科学概念和看似合理的陈述混合在一起，创造出虚构的情节，这些情节与事实相去甚远。

是的，我们面临着真正的危险，我们可以为此进行学习和准备。我们怎样分辨事实和胡言乱语？当我们拥有科学素养，我们就可以展望未来，无所畏惧。

我们眼前这幅图会是地球世界
末日吗?

世界末日是否近在眼前?

关于世界末日的情形，我们有许多版本，以下是近年来其他有关世界末日的推测（也是错的）:

‖‖‖‖‖‖
◄ 1962 年　行星连珠

在行星连珠的同时，月球运行到了近地点。在美国东部，强风引起了风暴和汹涌的海潮。许多人推测，洪水是在为世界末日拉响警报，尽管气象学家并不认同。

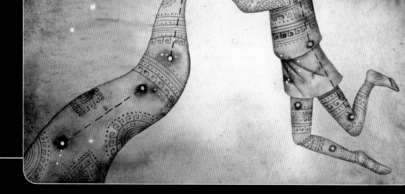

‖‖‖‖‖‖
▶ 1997　"天堂之门"

当海尔－波普彗星绚丽现身，39 名"天堂之门"邪教组织成员为此自杀，酿成悲剧。他们相信自己会被送上藏在彗星尾巴里的宇宙飞船。

||||||||
◀ 2000 年 "千年虫"

人们以前认为，计算机无法处理从 1999 年到 2000 年的年份变化。人们预测，这些计算机会发生故障，在每个地方引起巨大的灾难——从银行到机场，再到核电站。为了解决"千年虫"危机，人们花掉了数百万美元。最后，2000 年 1 月 1 日到了，并且平安过去了。

埃里宁彗星

||||||||
▲ 2011 年 叶列宁彗星

当叶列宁彗星接近地球时，有人声称，它其实是一个名叫尼比鲁的流浪行星，它的到来将导致地球毁灭。这颗彗星在到达地球之前就碎了。

||||||||
▶ 2012 年 玛雅历法

据说有这样一块碎片，上面刻着古老的玛雅历法，说是在 2012 年 12 月 21 日，将会有一个"宇宙周期"结束。在这个广为人知的日期，世界可能会在各种情况下终结。但它们都没有发生。

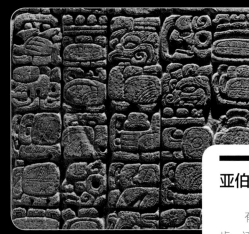

亚伯拉罕·林肯会怎么做？

有这样一个有趣的故事，讲的是亚伯拉罕·林肯，还有他对 1833 年列昂尼德流星风暴的反应。尼尔讲述了这个故事：，当世界末日来临时，星星会从天空坠落到地球上。所以，牧师一看到流星风暴，起身就跑。他四处敲门，还走进亚伯拉罕的房间，说：'世界末日就要来了。忏悔吧。'林肯跑出去，抬头看了看。他看到了美丽的流星雨，但也注意到他熟悉的所有星星仍在原地，像北斗星、猎户座。所以他又回去睡觉了……了解一点天体物理学是有好处的。林肯很博学——显然比牧师更博学。"

||||||||
▶ 2015 年 血月预言

两位牧师声称：世界末日将在 2015 年 9 月 27 日至 28 日的月食期间来临。但世界末日并没有来。

我们能挺过磁极翻转吗？

像磁铁一样，磁场也有北极和南极。在很长一段时间内，磁场的两极都是可以翻转的——北极变成南极，南极变成北极。每过 11 年，太阳就会进行一次这样的翻转——根据化石记录，地球在过去似乎经历过几百次翻转，最近的一次是在 80 万年前。

最近，在科学卫星测量出地球磁场发生了微小变化之后，末日论者开始声称，磁极翻转就要来了——并且在翻转的那一刻，我们会失去地球磁场的保护，暴露在太阳风之下。地球上的生命就会被毁灭。

> "你可以查看化石记录。上一回，当我们处于零磁场状态时，婴儿们没有受到任何影响。证据表明，它似乎并没有你想的那么严重。"
> ——尼尔·德格拉斯·泰森博士

这种情况有没有可能发生？答案是否定的。磁极翻转并不意味着磁场消失了——磁极翻转只是改变了方向，而且这种改变是渐渐地、不规律地进行的。即使出于某种原因，磁场强度出现了短暂的下降或突变，地球大气层仍足以保护我们免遭太阳风的侵袭。磁极翻转只是自然现象——是我们星球的一个奇妙特征，算不上问题。

地球的磁场比马蹄形磁铁更复杂。

宇宙之问：玛雅末日与其他灾难

会不会有"反宇宙大爆炸"？

几十年前，我们得知宇宙正在膨胀，但我们不知道宇宙是会永远膨胀下去，还是会在"大坍缩"——宇宙灾难性的崩溃——停止膨胀，转而向内部坍缩。综合分析以下三个参数，我们就能得出答案：（1）宇宙当前的膨胀速度；（2）宇宙物质的密度；（3）宇宙常数（一种理论上存在的排斥力，由爱因斯坦最早提出）。

从 1990 年代开始，通过像哈勃望远镜、WMAP（威尔金森微波各向异性探测器）和普朗克这样的望远镜，天文学家得以更精确地测量出这三个参数。也正因为如此，如今大多数人都认为"大坍缩"不会发生。

"所有数据都表明，宇宙会永远膨胀，膨胀速度不会减慢，更不会发生'大坍缩'。这让许多人感到不安。"太空"扫兴"专家尼尔·德格拉斯·泰森博士说。

不安？或许吧，要是你认同会有宇宙末日这个想法的话。要是你认同时间会永远继续下去的想法，那么对你来说，科学现实可能真的是种安慰。

回归基础

乔·罗根的大爆炸机器是怎么回事？

"关于'大爆炸机器'，我有些话要说。我的想法是，科学家们从来没搞清是什么导致了宇宙大爆炸。我猜想在 140 亿年前，有一些科学家……有一天，他们制造了一个大爆炸机器。一个人坐在机器旁边说：'我要按一下。'他按下了按钮，整个宇宙重新开始。这就是人类的循环：从单细胞生物到多细胞生物，再到有意识的实体，再到一个孤僻的家伙——他搞清了怎样制造大爆炸机器，然后按下按钮。每过 140 亿年，就会发生一次这样的过程。这就是宇宙的诞生和死亡：永无止境。"

——乔·罗根，喜剧人

"我们不知道是否已经发生了'反宇宙大爆炸'，例如'大坍缩'或'大挤压'。"
—— 尼尔·德格拉斯·泰森博士，太空"坍缩学"专家

导览

太阳膨胀和磁场衰减，哪一个先发生？

要有光

宇宙将毁灭于火，还是毁灭于冰？

"有人说世界将毁灭于火，有人说毁灭于冰。"诗人罗伯特·弗罗斯特用这个隐喻来形容爱与恨——当然，我们也可以把它运用到天体物理学当中，以此来形容宇宙末日。"测量宇宙的温度——按他们的说法是宇宙微波背景，"太空"熄灯"专家尼尔·德格拉斯·泰森博士解释说，"实际上，你可以把温度计插入宇宙中并获取读数。宇宙的温度比绝对零度高3度，而我们的地球已经有140亿年的历史了。当我们有280亿年的历史时，宇宙的温度大约是1.5度，并且会一直往下降，直到渐渐降到绝对零度。

> "当你移动金属时，可能会产生电流，如果有电流，你也会得到一个磁场。"
>
> ——尼尔·德格拉斯·泰森博士，
> 太空"磁学"家

"宇宙的温度会越来越低。最终，恒星会耗尽它们的燃料。它们会死掉。然后，所有物质将留在恒星的残骸中。一旦这些能源耗尽，恒星就会一个接一个地熄灭，星系也会消亡，在此后恒久的时间里，宇宙将会一团漆黑。"

就这样，熄灭？至少我们离彻底的黑暗，还有几十亿年。

当前的研究表明，如果地球铁镍核中的内部运动——对流——停止，那么地球的磁场强度可能会严重衰减。流星撞击也可以造成这样的结果。不过，地球的磁场强度最终会恢复。

与此同时，我们也知道太阳会变成一个红巨星，并且在大约50亿年内吞噬我们的地球。那么，太阳膨胀和磁场衰减，哪一个先发生？"在地球灭亡之前，我们可能会先失去发电机，"尼尔说，"'发电机'这个术语，指的是地球外核中的熔融铁对流。"

根据现有依据，可以推测出答案：磁场衰减先发生。

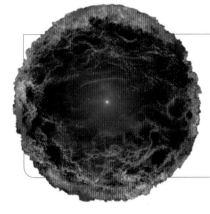

想一想 ▶ 我们能阻止太阳烧尽吗？

不能。太阳在千分之一秒内产生的能量，比人类文明史上产生过的所有能量的总和还要多。从天体物理学的层面来说，如果恒星的质量增加——也许是另一颗恒星落在这颗恒星上，与它合二为一，那么，这颗恒星就有可能继续进行核聚变。不过，要是人类连增加恒星质量都能做到，那我们已经先进到不需要依赖太阳生存了。

我们能够避免重复恐龙灭绝的命运吗？

哈伯德博士的话并非无稽之谈。他负责执行美国宇航局的火星计划，创立了美国宇航局天体生物学研究所，而在探测杀手小行星的"哨兵"任务中，他则担任建筑师。请注意，他并没有侮辱恐龙：它们统治了地球1.5亿多年。（我们人类待在地球上的时间还不到500万年。）后来，6 500万年前，一颗直径10英里的流星撞上了地球表面。这正是毁灭它们命运的进化之锤。

恐龙远远没有进化到能制造工具和机械的程度。但人类却进化到了这一步，所以今天，我们至少能在杀手小行星袭击我们之前找到它们。要是我们找到了这样一个杀手小行星，我们该怎么办呢？

"恐龙之所以灭绝，是因为它们没有太空计划。"
——G. 斯科特·哈伯德博士，宇航员、航空学家

天体物理学家艾米·美因茨博士说，我们可以把它撞开："我们可以直接撞它，让它偏离原先的轨迹。就这么撞上去吧。事实上，2005年，'深度撞击'任务已经对一颗彗星开展了——正好撞上了彗星。要是你有足够的时间，你确实可以推开某些东西。"

或者，我们也可以给它上色。你没看错。尼尔向我们展示了他的艺术才能，并且告诉我们："因为小行星黑漆漆的，要是把它涂成白色，它就会反射阳光，这样一来，从白色这一面反射出来的阳光会起到温和的推动作用，让它偏离原先的轨迹，不再撞击地球。但问题是，这并不是使劲一推，它很温和。"

在恐龙的末日，小行星如雨点般落下。

宇宙尺度下，大小真的重要吗？

说到天体撞击地球，你得明白大小很重要。许多东西不断撞击我们的星球，但因为它们的体积小，我们几乎没有注意到它们。"地球每天要应付几百吨流星的撞击。其中有些流星是在白天坠落的——因为白天阳光很明亮，所以你看不到它们，"尼尔解释道，"而到了晚上，你抬头看过了吗？天气是多云吗？是阴天吗？所以，当流星坠落时，你不一定总能看到它们。它们中的大多数都烧尽了，这就是我们所说的流星划过。但是其中有一些足够大，可以落到地面上——然后流星就变成了陨石。"

所以，是的，在这种情况下，大小确实非常重要。如果一个公寓楼大小的天体撞上我们，那么整座城市就会被夷为平地。如果这个天体的直径为 1 英里，那么整个人类文明将面临危险。

> "毁神星是我最喜欢的小行星。这个小行星有玫瑰碗球场那么大，朝着我们的方向进发。而且不会在 2029 年 4 月 13 日（顺便说一句，那天是星期五，如果你想知道的话）撞击我们。"
>
> —— 尼尔·德格拉斯·泰森博士

> "在 1900 年，如果你问人们最担心的是什么，那就是人口过多、食物不够，以及诸如此类的问题。他们并不担心小行星。在 21 世纪，人们会觉得什么是生命中最大的风险？我们不知道。所以，了解有什么在前面等着我们，这是有好处的。"
>
> —— 尼尔·德格拉斯·泰森博士

想一想 ▶ 我们能发送布鲁斯·威利斯吗？

在电影《绝世天劫》中，石油工人变身宇航员，通过巨大的核爆炸把小行星引开，避免它撞向地球。这种行为在现实中有没有可行性？

艾米·美因茨博士：如果时间充足，你也许可以做个简单的动能冲击器。

查克·尼斯：就像你的健康问题一样，关键是要及早发现。

"1910 年，人们首次在哈雷彗星的尾巴里发现了氰。当时，我们知道地球会穿过哈雷彗星的尾巴，人们说，'我们会同归于尽。'"

—— 尼尔·德格拉斯·泰森博士

2015年旧金山喜剧节现场

在俄罗斯车里雅宾斯克上空爆炸的是什么？

2013 年 2 月，一颗直径约为 50 英尺的彗星或小行星进入了地球的北极地区。 幸运的是，它在高空爆炸。如果它在爆炸前到达地面，那么就会有一块跟芝加哥市一样大的区域，那里的每棵树、每座建筑物都被夷为平地。"哨兵"任务建筑师 G. 斯科特·哈伯德博士解释说，情况本可能更加糟糕："它破坏了大约一千所房屋。它在 60 000 英尺的高空爆炸，就像一阵空袭突然降临。大约有 1 100 人被送往医院，但没有人死亡……如果发生爆炸的小行星直径为几英里，那么这就是个灭绝性事件，例如发生在恐龙身上的事件……如果发生爆炸的小行星直径为 100 米（约 300 英尺），那么这场灾难就会摧毁城市。如果发生爆炸的小行星直径为 30 到 50 米，那么这场爆炸就会引发海啸……直径为 30 到 50 米的近地天体，可能有上百万个。"

一块碎片穿透了切巴库尔湖的冰面。

第六感是一种直观的感觉，它能告诉你，你的所见所闻是否合理。如果你具备科学素养，它可以像第六感一样发挥作用。"科学素养并不是指你所掌握的科学知识，而是指你的大脑是怎么提问的，"尼尔说，"当你研究真实宇宙的运行方式时，你不会被江湖骗子洗脑——他们会设法让你相信世界末日，这样一来，你就会加入他们的邪教组织，或是给他们钱。"

好消息是，科学素养不是超自然的天赋，每个人都可以通过学习获得。首先，要有数字感——多大，多小，多少。然后，了解如何将数字和事实组织成有用的信息——在用数据进行阐释时，怎样做是对的，怎样做是错的。最后，了解如何收集和组合数据，以便论证或者驳斥一些想法。永远不要害怕提问题。如果你具备科学素养，并且直觉告诉你要持怀疑态度，那么你很可能是对的。

【电影里的时间旅行】

核弹爆炸时会发生什么？

至少有一种世界末日的场景是真实的：全世界的军火库里大约有 20 000 枚核弹，如果其中相当一部分核弹被引爆，那么它们将释放出巨大的能量，接近直径 1 英里的小行星撞击地球时释放的能量。直到 1990 年代冷战结束时，人们依然夜不能寐，担心会发生这种场景。

> "你感受到空气，核弹爆炸的空气，然后一切随风。我们只是风中的灰尘。"
> —— 尼尔·德格拉斯·泰森博士

如今，我们可能没那么担心了，但这种可能性依然真实存在。

核弹头利用了核裂变和核聚变的力量：核裂变是指大质量原子的分裂，例如铀与钚；核聚变是指小质量原子的聚合，例如氢。这两种过程把物质转化为能量，释放出多种波长的光——从伽马射线到无线电波，也以冲击波和风的形式释放出动能。核弹头爆炸后，核裂变和核聚变还会产生大量的放射性副产物，它们可以存留几年甚至几个世纪。这些副产物会造成长期的健康危害。

原子弹爆炸和冲击波。

> "你感受到光，它非常强烈，基本上能让你蒸发。它会融化你。它会让你蒸发。它会燃烧你。然后，以声速移动的冲击波把一切都打碎了。"
> —— 尼尔·德格拉斯·泰森博士

开口笑 ▶ **对话尼尔和喜剧人查克·尼斯**

尼尔：比起恐龙，我更害怕僵尸。小行星撞击地球后，长着大牙齿的大恐龙就灭绝了。

查克：所以它们住在地底下。现在它们不过是石油。

尼尔：它们很快就会来找我们的生态系统复仇了，通过增加我们的碳排放量。这就是恐龙的复仇。实际上，我们的石油主要是植物变成的。

人类未来 对话埃隆·马斯克

我们应该害怕人工智能吗？

从机器人瓦力到天网，对于这类人工智能体的好处或危险性，人们的看法有很大分歧。特斯拉汽车公司、太空探索技术公司创始人埃隆·马斯克和人工智能专家比尔·奈提出了两种不同的看法：

"最近我很担心超人工智能，"马斯克说，"我认为它……也许比核武器更危险……它会试着去优化什么呢？'哦，要不优化一下人类的幸福感吧？'说这种话时，我们必须非常谨慎。因为它可能会得出结论，所有不快乐的人类都应该被处决，或者，我们都应该被抓起来，让它把多巴胺和血清素直接注射到我们大脑里……我们应该谨慎行事。"

比尔·奈更乐观："我完全赞成让计算机像人一样聪明。但是计算机和量子计算设备都是靠电运行的……没电什么都别谈，更不用说接管世界了。还有很多别的事要担心。"

人工智能体最后可能会变得和人类完全一样。二者谁更危险？

在设计人工智能时我们需要定义人类的智力和情感。

导览

IBM 的沃森是个聪明人吗？

人们对沃森进行了编程，让它成为智力竞赛节目《危险边缘》的参赛者——它一举击败了人类竞争对手。"我认为沃森是智能的，但我不会说它'近似人类'，"蜜蜂机器人技术公司董事长斯蒂芬·戈文说，"知识积累和组织能力还是有高下之分的，我觉得当……进入艺术领域时，你就会发现其中的不同。"

说到底，谁来定义智力？毕竟，尼尔和斯蒂芬都是博学多才的人——而沃森可以在游戏《危险边缘》中击败他们中的任何一个！也许沃森不会说他们"近似沃森"。

"如果我们创造了很高级的数字超级智能，可以以非对数的形式进行快速递归、自我完善，那么……它可以为自己重新编程，让自己变得更加智能，能够快速迭代，并且一天24小时运行几百万台计算机。好吧……这些全是它写的……我们会像它的拉布拉多宠物狗——如果我们运气好的话。"

——埃隆·马斯克，特斯拉汽车公司、太空探索技术公司创始人

人类和蓝细菌，哪个更危险？

蓝细菌（又名蓝藻）是地球上最早进行光合作用的生物，这种生物将二氧化碳和水合成为食物中的糖类。"22亿年前，蓝细菌通过进化，开始进行光合作用，它们想，'阳光是种巨大的能源，这可太棒了，'"天体生物学家大卫·格林斯彭博士解释说，"于是，它们开始用氧气污染空气。这造成了灾难，并消灭了当时活着的大多数物种。"

> "所以，有趣的是，在我们之前，已经有物种在寻求能源时，把地球搞砸了。"
>
> ——大卫·格林斯彭博士，天体生物学家

微生物胜在数量众多。

由于蓝细菌的存在，氧气（光合作用的副产品）最终取代了地球大气中的二氧化碳。过了很长时间，地球上的原始生命才进化得能够使用氧气，而对于许多现代微生物而言，氧气仍然是致命的。不过，蓝细菌也同样花了很长时间，才把地球大气从无氧环境变为有氧环境。

我们今天看到的气候变化——温室气体迅速改变了地球大气，这与蓝细菌的影响有何异同？先不论是好是坏，蓝细菌花了很长时间才向大气输入了大量氧气，我们人类却在短短几个世纪里就排放了大量二氧化碳。

你知道吗

据估计，蓝细菌有 2 000 到 8 000 种，在地球上几乎每种生态系统里，它们都可以生存。

开口笑 ▶ 对话喜剧人迈克尔·彻

"我听说奶牛放屁了，然后一切都毁了，不过，这好像还挺搞笑的。如果写进……比如一本古老的书里会怎么样？有一天，全世界的奶牛同时放屁，从此人类就灭绝了？……但这比小说还要离奇。"

宇宙之问：玛雅末日与其他灾难

"世界末日"太阳耀斑能消灭地球上的生命吗？

太阳会有规律地爆发太阳耀斑，向太阳系喷发辐射和太阳粒子。太阳耀斑不太可能导致我们灭绝，但有可能严重干扰我们的用电。"如果这个耀斑特别强，带电粒子可以到达我们大气层的较低位置，并影响我们的通信卫星，"尼尔说，"我们的卫星依靠电流运行。如果带电粒子聚集在电力设备上，则会造成短路。如果这个太阳耀斑真的很强，我们可能会……通讯中断。电网也可能受到影响，因为如果耀斑的位置真的很低，它可能会到达地球并使地球短路。我们有顶尖人才在处理相关问题，但是我们很容易受到影响。"

> "我们为自己创造了一套系统。如今，这套系统的平衡性和稳定性保障了我们的生存。如果我们的系统无法应付全球气候变化，那么就会有大量生命死去。"
>
> —— 尼尔·德格拉斯·泰森博士

导览

我们会像金星一样遭受失控的温室效应吗？

研究表明，金星曾有过海洋，但是它们都被煮沸了——因为那里的温室效应失控了，导致金星表面温度上升到了 900°F。"如果我们面临最坏的情况——我们所有的煤炭、油砂都烧尽了，地球沦为碎片——地球会不会变得像金星一样？"天体生物学家大卫·格林斯彭博士问，"其实，我们不知道这个问题的答案，人们对此有不同意见。从某种意义上说，在理论层面，即使我们没有真的让地球遭受失控的温室效应，导致海洋消失……我们仍会轻易破坏地球，导致我们无法生存。"

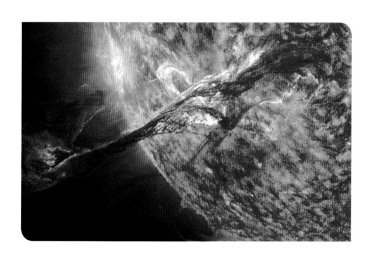

太阳耀斑可以在太阳表层上方延伸数千英里。

> "我想为人类站出来……我们正在进行这次对话；我们正在意识到我们在地球上的角色。其实，我觉得这让我们与众不同……我们是泥土之躯，但我们很聪明。"
>
> —— 大卫·格林斯彭博士，天体生物学家